本书受国家自然科学基金（No. 51739011、No. 51522907、No. 51279208）及"十三五"国家重点研发计划（No. 2016YFC0401401）共同资助

城市高强度耗水现象与机理

刘家宏　周晋军　王　浩　王忠静　崔　艳等　著

科学出版社

北　京

内 容 简 介

本书围绕城市耗水问题开展了系统研究，通过调查统计、理论分析、原型观测、试验监测、数值模拟等手段揭示了城市高耗水现象及其内在机理。本书考虑城市天然降水和人工用水等"自然–社会"二元水循环过程，提出了城市全口径耗水的概念；建立了城市水平衡分析框架，基于水量平衡原理建立了城市耗水计算分析模型。并将理论和模型成果在北京市和厦门市进行了应用，解析了城市耗水强度的时空演变特征。

本书可作为大专院校和科研单位的专家学者、研究生的参考书，也可为从事城市水文研究、城市水资源管理的技术人员提供参考借鉴。

图书在版编目(CIP)数据

城市高强度耗水现象与机理 / 刘家宏等著 . —北京：科学出版社，2019.4

ISBN 978-7-03-061091-1

Ⅰ. ①城… Ⅱ. ①刘… Ⅲ. ①城市用水–水资源管理–研究–中国 Ⅳ. ①TU991.31

中国版本图书馆 CIP 数据核字（2019）第 077075 号

责任编辑：王　倩 / 责任校对：樊雅琼
责任印制：吴兆东 / 封面设计：无极书装

科学出版社 出版

北京东黄城根北街 16 号
邮政编码：100717
http://www.sciencep.com

北京中石油彩色印刷有限责任公司 印刷
科学出版社发行　各地新华书店经销

*

2019 年 4 月第　一　版　　开本：720×1000　1/16
2019 年 4 月第一次印刷　　印张：8
字数：200 000

定价：108.00 元
（如有印装质量问题，我社负责调换）

序

　　城市是人类活动影响最强烈、"自然–社会"二元水循环演化程度最深的区域，其水循环过程耦合了以"降水—蒸发—入渗—产流"为主的自然水循环和以"取—供—用—耗—排"为主的社会水循环。由于城市下垫面的复杂性和各种用耗水活动的多样性，城市的耗水问题是城市水循环研究的薄弱环节。同时由于城市水文过程的监测难度大，城市排水的量测设施不足，城市耗水的科学量化是城市水循环研究的关键难点之一。

　　该书以城市耗水为对象，自主研制了城市水文试验的系列仪器设备，开展了城市水循环多要素的监测。基于大量的原型观测试验数据，发现城市区域耗水强度明显高于周边的农村区域，局部地区甚至超越了当地的水面蒸发量，这改变了水文学家对城市蒸散发的传统认识，这一成果将对进一步揭示城市水文效应与"热岛效应"的互馈机制，建立城市水–能循环与"热岛效应"的动力耦合模型有着重要的指导价值。该书的研究成果对城市水循环过程解析和城市水汽通量计算具有重要意义，可为城市区域水资源精细化管理和配置提供科学依据。

　　该书综合运用调查统计、理论分析、原型观测、试验监测、数值模拟等手段，围绕城市耗水问题开展了系统研究，揭示了城市高耗水现象及其内在机理。具体研究中将城市耗水按照地表类型划分为建筑物内部、建筑物屋顶及硬化地面、植被、裸土、水面共五类耗水类型，逐类分析了其耗水过程和耗水机制，以水量平衡、能量平衡等原理为基础，建立和完善了各类耗水的计算方法。从微观和单元层面分别开展了城市耗水计算研究，分析了不同空间尺度单元的耗水特征。在城市层面，以城市分类土地利用数据为基础，搭建了城市总耗水与分类耗水的计算分析框架，集成建立了基于城市土地利用类型的城市耗水计算模型，运用水量平衡对计算结果进行了验证，为高度城市化地区耗水的定量计算提供了基础工具，促进了城市水文学科的发展。

　　该书理论基础扎实、研究方法科学、思路清晰、视角独特、观点新颖，成果具有创新性和启发意义，是城市水文领域的一部优秀著作，特别推荐从事城市水文学研究的科研人员和研究生参阅。

中国工程院院士 张建云

2019 年 4 月

前　言

快速城镇化及随之而来的城市供用水量的增加给区域水资源安全带来了严峻挑战。为保障城市可持续发展和生态环境健康，习近平总书记提出"以水定城、以水定地、以水定人、以水定产"的"四定方针"来解决缺水地区的水资源开发利用问题。为落实"四定方针"，水利部开展了水资源消耗总量和强度"双控"行动。在高度城镇化地区，城市单位面积的耗水强度是实施"双控"行动的关键指标。为科学量化城市耗水强度指标，本书系统解析了城市耗水机理，提出了城市耗水的基本分析框架，建立了城市耗水计算模型。

本书在综述前期相关研究的基础上，综合考虑城市下垫面自然降水的蒸散发和人工用水的消耗，提出城市全口径耗水的内涵和定义。基于城市耗水的"自然–社会"二元特性，将城市耗水划分为建筑物内部耗水和露天耗水，然后围绕两种耗水问题分别开展研究。针对建筑物内部耗水问题，通过试验监测建筑物的供水及排水过程，测定关键参数和耗水定额，建立建筑物耗水计算模型。针对城市露天耗水问题，分植被、水面、裸土、硬化地面等城市下垫面类型分别开展研究。其中，硬化地面蒸发主要通过原位观测试验进行研究，测定硬化地表截流参数，为硬化地面蒸发计算模型提供数据支撑；植被、水面、裸土等则采用已有的天然蒸散发计算模型或公式计算。基于上述分类研究成果和城市土地利用类型建立了城市全口径耗水计算模型。建立的模型在清华大学校园开展了单元尺度的实证应用研究。在城市尺度上，以厦门市和北京市为例，分别分析了城市耗水的时空演变过程。

本书各章节的具体内容如下：第 1 章主要讨论城市耗水研究的背景、意义、国内外研究现状，总结分析城市耗水研究存在的问题以及本书的研究思路；第 2 章介绍城市全口径耗水的定义及计算分析框架，给出建筑物内部耗水、露天耗水等相关概念和内涵，论述建筑物内部耗水和露天耗水的机理及过程，并在此基础上建立了包含耗水在内的城市水量平衡理论框架，提出微观、单元和城市三个层面城市耗水计算的方法；第 3 章系统介绍建筑物内部耗水试验和模型研究，选取住宅楼和办公楼等不同建筑物样本开展建筑物用水、排水、室内温度、室内湿度等关键要素的试验监测，建立建筑物内部耗水计算公式，并测定模型的关键参数；第 4 章介绍城市地表蒸散发的量化方法，将城市地表划分成硬化地面、裸土、植被（乔灌木、草地）和水面进行分别计算，其中硬化地面蒸散发通过雨水截留试验进行量化，裸土、植被、水面的蒸散发用水文学领域比较成熟的彭曼系列公式进行计算；第 5 章介绍城市耗水计算模型及应用研究，包括校园尺度的单元应用，以及厦门和北京全市尺度的综合应用，解析了城市化进程中城市耗水的时空演变规律；第 6 章总结本书的主要成果，并对未来研究的突破方向进行分析和展望。

本书的研究成果得到国家自然科学基金重点项目"城市洪涝的水文水动力学机理与耦合模拟"（No. 51739011）、优秀青年基金项目"水文学及水资源"（No. 51522907）和面上项目"城市高强度耗水的机理与模型研究"（No. 51279208），以及"十三五"国家重点研发计划"京津冀水循环系统解析与水资源安全诊断"（No. 2016YFC0401401）的共同资助，在此一并表示感谢。

为本书的编写做出贡献的除封面署名的作者外，还有丛振涛、周琳等。清华大学后勤管理部门及中国水利水电科学研究院物业管理部门相关领导和工作人员在试验研究阶段给予了大力支持和帮助，在此特别致谢。

由于作者水平有限，书中难免出现疏漏，敬请读者批评指正。

目　　录

第 1 章 城市耗水研究概述

1.1 背景及意义

气候变化中的温度和降雨等气象要素的变化和城镇化进程中城市下垫面种类增多，城市垂向空间层次增多，供排水通道增多，用耗水途径增多等变化共同导致城市水文循环过程变得更加复杂（刘昌明等，2008；王浩等，2013）。具体体现在城市区域的暴雨极值天气增多，暴雨雨强增大（张建云等，2016；熊立华等，2017），下垫面温度空间差异明显。城市区域出现了热岛效应（Oke，1973）、雨岛效应（周丽英和杨凯，2001）、干湿岛效应（潘娅英等，2007；马凤莲等，2009）、城市内涝等城市气象、水文效应和灾害。与此同时，全球城镇化进程在加速，城市人口加速增长。预计到 2050 年，城市人口将超过世界总人口的 2/3，而中国城市人口预计在 2030 年就会超过 70%。随着城市人口的增加，城市水循环的通量和水量消耗强度在增大（陈似蓝等，2016）。同时人类在城市区域的高度集中聚居和活动对城市水循环过程形成强烈干扰，加之城市下垫面的高度空间异质性，城市水文过程的复杂性进一步加剧，并且随着城市的发展而不断变化。在 2012 年召开的国际水文十年会议上，国际水文协会（IAHS）将 2013~2022 年全球水文科学计划的主题制定为"处于变化中的水文科学与社会系统"。由此也说明人类社会活动对水循环的影响研究是当前水文科学研究的热点问题。

城市是典型的"自然-社会"二元水循环区域，城市水循环过程由以"降水—蒸发—入渗—产流"为主要过程的自然水循环与以"取—供—用—耗—排"为基本环节的社会水循环耦合而成（王浩和贾仰文，2016；田富强等，2018）。自然侧的"蒸发"主要指土壤、水面等自然下垫面的蒸发和植被的蒸散发，有研究表明，在自然状态下，流域陆面降水的 65% 均以蒸散发形式返回大气，部分干旱地区，蒸散发耗水比例超过 90%（Bonan，2002）。"耗"包括了人类用水活动产生的各种途径的水消耗和水耗散。其中水消耗主要是土壤吸收、产品带走、居民和牲畜饮用等多种途径的水消耗，其特征是水的时空转移。水耗散既包括发生在建筑物内部，由人类生活、工作、娱乐等活动用水产生的水耗散，也包括发生在室外，由市政道路洒水、城市绿化灌溉等活动引发的蒸散发，同时还包括工业生产产生的水耗散，其特征是水由液态变成气态进入空气中，并参加城市区域的水汽循环，具有传统蒸散发的物理意义。自然侧的"蒸发"和社会侧的"耗"共同构成了城市的"耗水"，是城市水文循环的重要环节，也是城市水汽的来源，其过程机理和通量计算对城市水文科学研究具有重要意义。

从水量角度来考虑，城市区域的耗水是城市区域水足迹的重要组成部分。国家水足迹是指国内用水总量和净虚拟水进口量的总和，是衡量一个国家对水资源的实际需求量（Chapagain，2002）。城市水足迹是指满足这个城市人口生活和经济社会发展的水资源总量（邓晓军，2008）。根据城市耗水的定义，城市中一部分耗水量没有进入大气参与自然水循环过程，而是变成产品、食物或者消耗在工业生产过程中，这部分水量是城市水足迹的重要组成部分。由此来看，城市耗水研究对于精确计算城市水足迹具有重要意义。

从能量角度来看，城市耗水对城市区域的热量分布有重要影响，是解释城市热岛效应变化的主要原因。城市热岛效应是指城市的温度高于郊区或者周边的气象现象，主要由于城市硬化地面、建筑物等蓄热体增多，城市人为热量排放导致的城市升温现象（Hutcheon，1968；周淑贞和张超，1982）。实测数据表明夏季14:00左右地面温度达到峰值，晴朗天气下，柏油路、水泥路的地面温度可以达到50℃，土地的地面温度在40℃左右，相同条件下草地的地表温度仅为30℃（郑祚芳等，2006）。但并不是城镇面积比重越大，热岛效应越明显，从北京市过去40年的温度数据来看，北京市的热岛效应年际变化不大，部分年份出现负值（张尚印等，2006）。针对城市热岛效应随城镇化的反常理变化，专家提出可以从城市下垫面热量收支、城市蒸散发效应进行分析和研究（Humes et al.，1994；Cui et al.，2012）。同时也有试验研究表明城市透水铺装地面可以改善城市的热环境，提高舒适度（金玲和孟庆林，2004），其原理是透水地面的潜热较不透水地面大，可以降低城市空间温度（敖靖，2014）。由此来看，城市耗水中的水耗散部分对城市热岛效应影响作用明显，因为这部分水量可以增加城市区域的潜热，降低显热，缓解城市热岛效应。

从区域水量平衡和能量平衡角度来看（孙福宝，2007），城市区域耗水量的大小会影响区域水循环通量的大小，也会影响区域大气热量的分布，影响城市区域能量的传输与平衡，进而影响城市区域的小气候。已有的研究主要是用传统区域蒸散发方法计算城市植被的蒸散发，关于社会侧的水耗散研究较少。因此现有研究关于城市水循环中水汽通量的计算结果是偏小的，主要原因是城市耗水类型考虑不全面，城市耗水的"自然–社会"二元属性没有明确，耗水机理不明确。

基于以上背景，本书研究旨在解析城市区域"自然–社会"二元水循环过程中的耗水机理，打破城市区域耗水的黑箱模式，研究城市区域不同类型下垫面的耗水特征，分析城市不同土地利用的耗水特征，计算城市耗水的空间格局。期望通过对城市耗水问题的研究，实现城市水资源精细化管理，为高效优化城市供排水规划、设计提供技术支撑；同时为城市区域水汽通量计算提供方法和模型支撑，有助于解析城市区域温度、湿度变化机理，为城市区域微气候模式研究提供科学依据；最重要的是识别城市耗水的二元属性，建立城市耗水的分析框架和计算模型，为城市区域二元水循环过程研究提供科学依据和技术支撑。

1.2 研究现状

根据耗水发生的环境特点，城市耗水分为建筑物内部耗水和露天耗水（Grimmond et al.，2011）。从城市本底情况来看，当前多数城市的建筑密度达到30%甚至更多，根据《城市统计年鉴》数据，城市的居民生活用水量占到城市总用水量的1/3以上，因此从不同下垫面类型和不同用水性质两方面来看，建筑物内部耗水是城市耗水的重要组成部分。城市绿化是城市建设的重要指标，城市的公园、绿地、道路两侧绿化带等是城市露天蒸散发的主要来源，此外还有城市的水面、硬化地面、建筑物屋顶等各种城市表面的蒸散发，这些地表蒸散发水量共同构成了城市露天耗水。

本节围绕城市耗水问题开展文献综述分析，首先从建筑物内部耗水和露天耗水两个方面，对城市区域的耗水研究进行文献综述，然后对城市蒸散发问题的研究现状进行总结分析，梳理城市蒸散发与城市耗水的异同。最后围绕城市水量平衡问题进行综述分析。基于以上四个方面关于城市耗水研究的回顾与总结，梳理城市耗水问题研究存在的问题，为确定研究内容和技术路线奠定基础。

1.2.1 城市建筑物内部耗水研究现状

建筑物是城市的重要下垫面类型，建筑物内部的用水也是城市用水的主要组成部分。建筑物内部的耗水是用水活动的伴生过程，用水特征对耗水特征起决定性作用。在城市区域，生活用水和工业用水基本都发生在建筑物内部，由于工业用水的行业属性明显，本书研究中不做研究，而生活用水可以分为居民生活用水和公共服务生活用水。居民生活的用水量主要由建筑规模决定，然后是建筑密度和建筑年限（Chang et al.，2010），不同建筑密度的居住建筑，其内部的用水结构也不同，通常在高密度的住宅建筑中，淋浴和冲厕的用水比例高于低密度住宅建筑（Gutierrez et al.，2014）。对于别墅住宅建筑，用水量还与室外面积大小、经济能力、居住者受教育水平等有关系（House et al.，2010），其中配有游泳池、水面景观的高档住宅建筑物，用水量还受气象要素的影响（Balling et al.，2008）。居住建筑的人均用水量与人均收入相关，通常人均收入高，人均用水量也高（陈晓光等，2007）。建筑物的用水量还取决于建筑物的占有率、使用者的用水习惯、用水设施的规格等（Wong and Mui，2007），同时水价的高低和梯级水价的实行对居民生活用水有一定的影响（董琳，2007）。从长时间序列来看，城市居住建筑物的用水结构随着经济社会的发展而发生变化（褚俊英等，2007）。公共服务生活用水主要发生在公共服务的建筑物内部，相比居民住宅建筑，公共服务建筑物内的人员流动性大，特别是商业、餐饮、体育场馆等建筑物，除了相对稳定的工作人员之外，主要的用水者是顾客、就餐者、访问者等。研究显示用水管理对公共服务建筑物的用水量具有重要影响，高效的水管理可以提高用水效率，节约建筑物用水量（Silva et al.，2014）。在公共服务建筑物中，办公楼、学校、餐饮、商业建筑的用水量之和的占比较大，北京市的研究结果表明，这四类建筑物的用水量之和占公共服务总用水量的 60% 以上（王莹等，2008）。其中学校是高密度人口区域，同时用水人数在一定时期内相对稳定。特别是大中专等高等教育学校，基本是寄宿制的管理方式，学校的用水量和用水强度都较高。同时由于学校寒暑假的存在，建筑物的用水量在年内变化显著，其中图书馆、教学楼、食堂、学生宿舍这四种建筑物假期的月用水量是非假期的 5%～50%，其中寒假的月用水量是非假期的 5%～23%（屈利娟等，2015）。

文献研究显示，关于建筑物内部的水问题研究主要集中在供需水预测（Aly

and Wanakule, 2004)、用水效率(Cheng et al., 2016)等方面,关于城市居民生活用水量的预测研究成果较为丰富,通常是基于历史数据,利用数值模型,比如人工神经网络(Fi Rat et al., 2010)、遗传算法(Duan and Yu, 2006)、多元回归法(刘治学等,2012)等进行研究和计算,也有定额法(李琳和左其亭,2005)、指标计算模型(刘家宏等,2013)、系数法(张志果等,2010)、分项预测法(王大哲,1995)等其他常用的方法。在建筑与环境学科,有关建筑物内部湿度和综合水汽的研究,重点是研究湿度对室内舒适度(Teodosiu et al.,2003)、人体健康(Zhang, 2013)、建筑材料选择以及室内空气运动方面(Teodosiu, 2013)。在已有的与建筑物用水相关的研究中,关于发生在建筑内部用水过程中的耗水现象和耗水量的研究却很少。周琳(2015)在计算北京市蒸散发研究中将其描述为建筑物内部蒸散发。周晋军等将建筑物内部耗水描述为发生在建筑物内部的各种形式的水消耗和水耗散(Zhou et al., 2018)。目前,关于建筑物内部耗水的研究较少,但是有许多关于建筑物用水的研究,而建筑物耗水是建筑物用水的伴生过程,因此可以在建筑物用水研究的基础上开展建筑物耗水研究,可以在试验方法、数据调查、模型研究等方面借鉴前人的研究成果,为建筑物内部耗水问题的研究提供参考和帮助。

1.2.2 城市露天耗水研究现状

发生在城市露天环境中的耗水主要包括陆地地面的蒸发、植被的蒸腾耗水、植被叶面的截留蒸发和水面的蒸发等,其中陆地地面包括裸土、植被(草地和乔灌木等)、硬化地面(沥青地面、水泥地面、铺砖地面、建筑屋顶等)。城市蒸散发是指发生在城市区域的蒸发、蒸腾等由液态变为气态的水量转化现象,也是地气能量损失的体现(刘文娟,2011)。本书研究中认为城市露天耗水等同于城市露天蒸散发,既包括传统的自然蒸散发,比如水面蒸发、裸土蒸发、植被蒸腾蒸发等(周琳,2015),也包括硬化地面截留雨水的蒸发、道路人工洒水的蒸发等。因此,城市地表蒸发和植物蒸腾是城市露天环境主要的耗水形式,是城市水汽的主要来源(Wouters et al., 2015),也是城市水文循环模拟的关键内容(Kokkonen et al., 2017)。

城市的树木对城市的气候和环境具有要重要的生态调节功能,和多年生灌木、城市绿地一起被称为城市绿肺(Sun et al., 2012)。同时,包括树木、草坪在内的植物蒸散发也是城市区域蒸散发的主要组成部分(Peters et al., 2015),

即便是在树木覆盖率小于 11% 的区域，忽略树木的蒸散发都会导致潜热通量和大气湿度的严重低估（Liu et al.，2017）。研究表明，城市的树木在干旱高温情况下具有较好的生理控制能力，可以利用较深的土壤水分维持蒸腾（Chen et al.，2011）。同时在干旱情况下，会对城市的树木进行人工灌溉，导致城市树木蒸散发量相对较高，潜热较高，具有较好的降温效果，对于缓解热岛效应具有较好的作用，而且城市开阔区域的树木蒸腾能力高于相对封闭区域的树木（Rahman et al.，2017）。除了蒸腾作用，树木降温的原因还在于阴影面积的大小，这取决于树木的密度，研究表明合适的树木密度可以使阴影面积和蒸腾强度同时达到最大，降温效果也最明显（Jiao et al.，2017）。城市树木对城市热岛效应的控制作用还体现在不仅可以降低树木冠层高度的温度，还可以降低城市中央高层建筑物顶部的温度，在夜间降温作用更为明显（Wang and Akbari，2016）。影响城市树木蒸腾作用的主要因素有空气温度、土壤温度、净辐射、水汽压差、大气臭氧等（Wang et al.，2012）。国内学者张文娟等（2009）、王颖（2004）、陈立欣等（2009）、朱妍（2005）、崔香（2011）等对城市常见的树木、灌木以及其他植物的蒸腾耗水特性进行了研究。研究结果表明相同气候条件下，在白天，阔叶树种的耗水量明显高于针叶树种（王颖等，2005），同种植被，白天的耗水量是夜间的 3~9 倍（张文娟等，2009）。Penman-Monteith 公式被用来计算城市树木的蒸散发，以评估环境等相关因子对树木蒸腾作用的影响（Riikonen et al.，2016）。从已有关于城市树木蒸腾的研究来看，主要集中在树木蒸散发的水文意义、树木蒸腾特性、不同树种蒸腾量差异、降温效果以及影响因素探索等方面。

草坪是城市中重要的自然下垫面，其蒸散发量对城市的水文循环和水量、能量平衡具有重要影响（王瑞辉等，2011）。研究表明灌溉草坪的潜热通量可以补偿相同面积城市化带来的蒸散发减小（Oke，1979）。水汽通量和光照对城市草坪的蒸散发影响作用明显（全艳嫦，2012）。此外，影响草坪蒸散发特征的因素除了气温、风速、土壤含水量等客观因素，还包括草坪冠层结构（朱钦和苏德荣，2010）。冠层结构也直接决定和影响草坪截留雨水的能力及其截留雨水蒸发量（梁曦，2009）。有研究显示，城市中无遮蔽草坪的蒸散发量比有遮蔽草坪高40%（Litvak et al.，2016），在居住用地和商业用地中，草坪的蒸散发贡献率最大，占比分别超过60%和80%（Liu et al.，2017）。综上所述，在城市区域，草坪是一种典型的人工绿地，相比城市树木和灌木，受人工浇灌、施肥、修剪等活动干扰更为显著。定期对城市草坪进行灌溉，特别是在干旱季节，将降低对草坪蒸散发的水量限制，加之草坪区域人工活动较为强烈，能量供给较其他区域多，理论上会导致草坪的蒸散发量增加。有学者对城市公园的地表进行净辐射通量、土壤热通量和蒸发量的直接测量，结果表明最大的蒸发量发生在处于上风向的城市公园处，同时城市公园的蒸散发是郊区灌溉草地的 1.3 倍，是郊区综合蒸散发的 3 倍（Spronken et al.，2015）。但在已有城市草坪的蒸散发计算的研究中，对人工灌溉等因素的研究较少，这将导致城市草坪蒸散发量的偏低估计。

硬化地面是指用石头、砖、混凝土、沥青等材料铺筑的地面结构，是一种典型的城市下垫面。从城市发展历程来看，城市的硬化地面最早是铺石路面，这种路面具有一定的入渗能力。烧制砖的出现导致城市中有了铺砖路面，这种路面的渗透能力小于铺石路面，因为砖的形状更为规整，缝隙较小。随着水泥的发明和应用，沥青的冶炼和应用，城市中出现了水泥路面、混凝土路面、沥青路面等硬化地面，这些路面的出现极大提高了城市道路的平整度和耐磨性等，为市民出行提供了极大的便利，但是随之而来的是降雨径流的增加、热岛效应的出现、水体污染加剧等，同时导致地表生物无法生存，并且威胁人类健康（江昼，2010；Miller et al.，2014）。主要原因在于这种硬化地面的不透水性，阻断了降水或者其他水分的入渗和地下水蒸发。城市中并非所有的硬化地面都是不透水地面，也有一些硬化地面是可以透水的。从 2015 年起在我国海绵城市的试点城市建设过程中，透水铺装作为一种重要的措施在各试点城市试点区铺设。城市透水铺装地面主要包括透水混凝土、透水沥青、透水砖三种。其中前两种透水铺装具有较好的透气性，主要是在透水混凝土或者沥青的内部形成了连通空气的多孔结构。但是由于透水铺装的抗压强度有限，耐磨耐久性较弱，以及成本较高等原因，因此适用范围目前主要是人行道、广场、停车场、公园道路等，并且铺设范围较小。

部分研究中没有考虑不透水地面的蒸散发，明显低估了城市的蒸散发总量（Hénon et al.，2012；Schubert et al.，2012）。试验观测结果表明，降雨过后，城市的蒸散发会显著升高，这是因为降雨过后不仅是树木、草地、水面蒸发，道路、广场、建筑物屋顶等硬化地面截留的水分也在蒸发（Grimmond and Oke，1999）。其中多数道路、广场以及建筑物屋顶是不透水地面，这些下垫面具有短时间保留水量并提供蒸发的能力（Kawai，2010），这部分蒸发量对城市下垫面的能量转化和平衡具有重要意义（Oke，2010）。为此，在一些城市蒸散发研究中增加了城市不透水地面的蒸散发，并且认为不透水地面的蒸发发生在降雨之后一段时间，具有不连续性（Ramamurthy and Bou-Zeid，2014；Zhang et al.，2017），

而且这部分蒸发受不透水地面留滞雨水的能力和雨水排放能力的影响
（Grimmond et al.，2010a）。城市不透水地面主要利用遥感（RS）和地理信息系
统（GIS）技术从卫星影像数据中提取，基于光谱、位置、纹理等特征区分土地
利用类型（陈爽等，2006；孙宇等，2013），计算方法主要是基于能量方程计算。
透水铺装是一种可以渗透的硬化地面，相比不透水地面，其蒸散发过程更为复
杂。降雨条件下，透水铺装的碎石层和土壤层含水量增加，降雨过后水分和温度
逐渐减小，相比不透水地面，潜热更高而显热更低，地表空气含湿量较高，温度
相对较低（敖靖，2014）。但是由于城市硬化地面种类多，空间异质性强，加上
缺乏充分的蒸发观测试验和合适的模型模拟，城市硬化地面蒸散发研究依然相对
薄弱。研究表明，城市的地形、气候、经济及土地利用结构等因素都对城市的温
度、湿度等气候特征具有直接的影响（Grimmond et al.，2014）。

1.2.3 城市蒸散发计算研究

蒸发理论可以概括为道尔顿蒸发理论、湍流相似理论和能量平衡理论（杨雨亭
和尚松浩，2012）。传统的蒸散发计算方法包括水热平衡法、空气动力学方法、
Penman-Monteith算法等，这些方法存在时间和空间的局限性，同样，以点源为基
础的蒸散发计算方法有蒸渗仪法、梯度法、波文比法、涡度相关法等，这些方法主
要适用于区域较小或者下垫面均匀单一的较大区域（郭晓寅和程国栋，2004）。涡
度相关是一种自上而下的方法，对城市下垫面的异质性考虑不足，比如不能区分屋
顶、道路的蒸散发（Ramamurthy and Bou-Zeid，2014）。邱国玉等提出了基于植被
表面温度，参考表面温度和气温测算蒸散发的三温模型（Qiu et al.，1996）。遥感
蒸散发模型兴起于20世纪70年代，通过遥感反演城市蒸散发的研究很多，郑文武
（2012）将基于遥感蒸散发计算蒸散发的方法总结为经验统计模型、能量平衡、数
值模拟模型三类。表1-1归纳总结了主要的遥感蒸散发模型及其分类。

表1-1 遥感蒸散发模型及其分类

一级分类	二级分类	代表模型	代表性研究	主要特征
经验型模型	统计方法	线性回归	Jackson et al.，1977	经验型较强、适用范围小
	特征空间	三角形法	Jiang and Islam，1999	
		梯形法	Moran et al.，1994	

一级分类	二级分类	代表模型	代表性研究	主要特征
机理性模型	单源模型	SEBI、S-SEDI、SEDS、SEBAL、METRIC 等	Menenti and Choudhury, 1993；Roerlnk et al., 2000；Su, 2002；Bastiaanssen et al., 1998；Allen et al., 2005	适用于均匀且植被覆盖的下垫面
	双源模型	S-W 双源模型、TSEB 模型、HDS-SPAC	Shuttleworth and Wallace, 2010；Norman et al., 1995；杨雨亭，2013	适用植被和裸土两类下垫面
	多源模型	多元平行模型、MODCM	郑文武，2012；Kondo et al., 2005	区分裸土、植被、水体、不透水表面
	P-M 模型	Penman-Monteith	Monteith, 1965；Qian et al., 1996；Pereia et al., 2006；	物理机理强，准确性高，参数要求高
混合模型	统计–机理混合	三温模型	邱国玉，2006；熊育久 2011	表面温度、参考表面温度和气温替代阻抗

其中 SEBAL（surface energy balance algorithm for land）模型和 SEBS（surface energy balance system）模型在城市蒸散发计算中应用较多（周琳，2015）。冯景泽（2012）基于参照干湿限，改进了 SEBAL 模型，提出了 REDRAW（reference dry and wet limits）模型。夏婷（2016）研究了参考干湿限的理论推导，提出了理想参照干湿限。占车生等（2011）、唐婷等（2013）基于 SEBS 模型利用 MODIS 数据计算得出城市区域蒸散发量小于郊区或自然下垫面。敬书珍（2009）、赵志明等（2015）基于 SABAL 模型反演蒸散发得出林地蒸散量大于农田和城镇，其中农田又大于城镇。通过遥感反演京津唐区域地标蒸散发，结果表明城市（建设）用地蒸散发小于耕地、草地、林地、水体等自然侧下垫面。占车生等（2013）利用双层模型的遥感估算，结果显示植被覆盖度大的山区蒸散发耗水量大于植被覆盖度小的城镇居民区域的蒸散发。Cong 等（2017）提出了考虑人为热的 SEBS 的改进模型，结果显示在考虑人为热后估算的北京市城区蒸散发值明显高于传统 SEBS 模型计算结果。刘文娟（2011）通过遥感估算了俄克拉荷马城的蒸散量，结果显示城市化越高的区域，4~9 月的月蒸散量和年蒸散量越低。树木的蒸散发被单独作为蒸散发类型加入到单层城市冠层模型（single-layer urban canopy model，SLUCM）中（Liu，2017）。

城市蒸散发计算模型方面，Grimmond 和 Oke（1991）基于 Penman-Monteith-Rutter-Shuttleworth model 提出了城市蒸发–拦截模型，模型中将硬化地面划分为

透水地面和不透水地面,用 Penmann-Monteith 方程来计算蒸散量。城市冠层模型
(urban canopy models, UCMs) 是一种将城市下垫面划分为单层或者多层的城市
能量交换计算模型 (Mills, 1993; Mills and Arnfield, 1993)。在单层模型中,将
城市下垫面看成是两个建筑物为边界的无限矩形谷地,因此模型特征是把下垫面
分为屋面、墙和地面三类。模型中蒸散发通量通过空气动力学阻抗来计算,但是
模型对城市下垫面异质性考虑不足 (Grimmond, 2010b)。普林斯顿城市冠层模型
(Princeton urban canopy model, PUCM) 相比传统的 UCMs 模型,可以区分不同类型
的下垫面,比如可以区分计算混凝土地面、沥青地面、草地、屋顶、墙等的水循环
通量及其变化。城市地表能量和水平衡方程 (surface urban energy and water balance
scheme, SUEWS) 将城市下垫面划分为铺设地面、建筑物、常绿乔木和灌木、落叶
乔木和灌木、草地、土壤和水面,以基本气象数据为输入数据来研究城市的能量和
水量平衡 (Grimmond, 2010a; Ward et al., 2016)。

郭伟等 (1998) 将城市下垫面划分为水面、不透水面、透水面并计算蒸发
量,不透水面通过屋顶试验测定不透水面临界指标,通过实测降雨进行计算。翟
俊等 (2016) 认为城区的蒸散发贡献主要来自绿地和水体,因此随着城镇化进程
加快,城市蒸散发在降低。高学睿等 (2012) 通过城市水循环模型 (urban model
for water cycle, URMOD) 计算得出,城市不透水区域的蒸散发是草地、林地的
1/3 左右,是水面蒸发的 1/5 左右。张俊娥等 (2012) 用 MODCYCLE 模型模拟
了天津市的二元水循环过程,结果表明城市耗水量中包括 76.8% 的陆面蒸散发、
17.7% 水面耗用以及 5.5% 的生活和第二、第三产业耗水。周琳 (2015) 分别用
水量平衡法、遥感反演法 (有无人为热两种工况)、下垫面分类法计算了北京市
的蒸散发,结果表明三种方法计算的城市蒸散发量呈递增趋势。朱冰 (2016) 利
用人工神经网络 (artificial neural network, ANN) 模型计算了辽宁省盘锦市
1970~2015 年的城市蒸散发,结果表明蒸散量呈现上升趋势。唐婷等 (2013)
通过 SEBS 模型计算得出,城市不同土地利用类型蒸散发呈现季节性差异特征,
同时 2000~2010 年耕地、林地、草地、水域变成城市用地后的夏季日蒸散发都
是增加状态。Starke (2010) 研究了城市透水铺装人行横道的蒸散发,结果表明
其蒸散发率比不透水地面高 16%。

1.2.4 城市水量平衡研究

水量平衡是质量守恒定律在水文循环中的表现,是水量收支平衡的表现,也

是水文循环研究的基本理论和科学依据。水量平衡适用于不同空间尺度、不同时间范围的水循环研究，常常用于水文、水资源研究中计算结果的验证。在城市中，从不同角度、不同尺度来看，水量平衡也是不同的，比如城市雨水利用的水量半衡中，可利用的雨水潜力等于降雨减去蒸发，即认为透水表面产生的地表、地下径流和不透水表面的地表径流量之和是潜在利用的用水量。在城市供水管网中，系统供水总量等于有效供水量与损失水量之和（余蔚茗和李树平，2007）。在城市建筑物中，中水是冲厕的主要水源，因此在建筑物水量平衡中要考虑自来水、中水设施处理水量、中水用水量等多种来源和去向，并分析清楚内在水量关系（夏树威等，2009）。在城市区域，水系统可以划分为室内、室外和管网三种，每个管网有各自的水量平衡模型（李树平和余蔚茗，2009）。在城市尺度，基于输入减去使用等于输出的思想建立水量平衡模型，但对于有中水供给的区域，水量平衡中应考虑中水收集、处理、利用的水量及在水量平衡中的作用（余蔚茗，2008）。

对于城市区域综合水量平衡，Grimmond 和 Oke（1991）将其描述为降水+管道供水=蒸散发+排水+储水量变化，这个储水量包括地表储水和地下储水。Barton（2009）将城市下垫面划分为不透水表面、透水表面和建筑物三种，建立了降水+管道供水=蒸散发+地下水变化的城市水量平衡模型。其中将城市区域的管道排水划分到地下水储水量变化中，忽略了地表水的变化。Farooqui 等（2016）以城市边界为空间范围，认为进入范围的水量=排水的水量+范围内的水量变化，具体细分进入区域的水量包括降雨、集中供水、分散供水和循环供水（再生水），输出水量=蒸散发+径流量+污水排放量+地下水入渗+再生水（城区外）。

水量平衡是评价城市化对城市水文循环影响的基本理论和重要标准（Bhaskar and Welty，2012），随着城市化进程推进，管道供水、排水的增加使得城市水量平衡复杂化，准确和全面的城市水文循环过程解析是城市水量平衡的前提和关键。

1.3 存在的问题

城市耗水是一个较新的概念，相关的研究也是一个新的研究方向，在 1.2 节中从建筑物内部耗水、露天耗水、城市蒸散发、城市水量平衡四个方面进行了研究现状的综述分析，从中可以看出目前关于城市耗水的研究鲜见报道，关于城市耗水缺乏明确的概念和定义，尚没有形成科学的理论体系和研究框架，城市耗水的研究呈现离散化、局部化的特征，特别是建筑物内部的耗水研究更加少有。从研究情况来看，城市区域缺乏有效的水文监测（IPCC，2014），城市水文研究这个问题也在政府间气候变化专门委员会（IPCC）的第五次评估报告中被强调指出。现将主要的问题总结如下。

城市耗水概念和理论不完善。耗水是水文循环的重要过程，城市作为典型的"自然–社会"二元水循环区域，其耗水也存在二元属性，即自然侧的"蒸散发"和社会侧的"耗"。已有的研究主要集中在城市蒸散发的方面，关于社会侧的"耗"研究较少，没有定量解析城市耗水的二元属性。同时也没有关于城市耗水的明确概念和定义，也没有关于城市耗水的意义、机理等理论方面的研究。在已有的城市水文循环研究中只考虑了城市蒸散发，具体体现在已有的城市水量平衡模型中。城市耗水是城市水文循环过程的重点环节，而城市耗水问题研究却是城市水文研究的薄弱环节，目前仍然是一个黑箱模式，迫切需要从概念和理论出发，开展针对性研究，理清城市耗水过程，解析城市耗水机理，建立城市耗水基本理论框架。

城市建筑物内部耗水——被遗忘的城市水文循环过程。通过建筑物用水相关文献研究综述可以看出，相关研究主要集中在建筑物内部用水特征、影响因素、用水量预测等方面，关于建筑物内部的水汽研究则主要是从室内环境的舒适性、建筑物内家具等设施的寿命、空气交换和流通、建筑物能耗等方面。关于这些水汽的来源，也就是建筑物内部耗水现象却少有研究。在国外的研究中，有关于"building water consumption"为主题的研究，其研究内容则是中文理解的用水，在国内研究中几乎没有关于建筑物耗水的研究，建筑物耗水的概念和定义也不明确。建筑物内部耗水是城市社会侧耗水的主要部分，也是城市耗水中必不可少的部分，根据目前的研究现状来看，需要从概念和机理出发，开展建筑物内部耗水研究，解析建筑物内部耗水机理，建立建筑物内部耗水计算模型，为建筑物的水量平衡和城市人工供水的水量平衡提供科学依据，为城市区域水资源精细化管理提供技术支撑，为建筑物用水的水文效应研究提供理论支撑。

城市露天耗水研究的耗水项不全面，硬化地面蒸发研究较为薄弱。已有的研究主要集中在城市区域绿地、裸土、水面的蒸散发，关于城市硬化地面的蒸发也是通过能量平衡方程来计算，对硬化地面的蒸散发特性研究较少，特别是不透水硬化地面的蒸发是典型的雨后蒸发,具有不连续性。硬化透水地面具有入渗和下层土壤蒸发的特性,地表的潜热高于不透水地面,耗水特征主要体现在下层土壤的蒸发,由于表层硬质结构的影响,蒸发特性不同于土壤蒸散发,有待进一步深入研究。本书研究中假设城市露天耗水等于城市地表蒸散发,城市地表蒸散发是建筑屋顶、硬化地面(包括不透水和透水地面)、植被、裸土、水面耗水的共同特征,在城市露天耗水(地表蒸散发)研究中应该分类予以考虑和计算。

城市耗水计算呈现离散化和碎片化,缺乏科学的耗水计算分析框架,已有模型中城市地表的异质性考虑不足。已有的城市耗水计算主要集中在城市蒸散发的计算,研究的对象主要是城市的绿地、土壤和水面这些自然下垫面,也有一些研究针对硬化地面的蒸发进行研究。在这些研究中,城市蒸散发计算以城市绿地、水面的蒸散发为主,部分研究中忽略了硬化地面的蒸发。在城市尺度的蒸散发计算中,主要的计算方法是通过遥感反演城市下垫面,然后利用能量平衡方程进行蒸散发的计算。在针对城市硬化地面蒸发的计算研究中,也是以能量方程和空气动力学理论进行计算,对硬化地面蒸发受水量限制高于能量限制的问题考虑不足。对于硬化不透水地面,很少有研究考虑城市道路的人工洒水造成的蒸发。由于城市下垫面的高度异质性和城市地表结构的层次性,以及城市耗水类型的多样性,城市耗水计算模型应该是一种多元多层的混合模型,有待于开展系统性深入研究。

1.4　研究思路和研究内容

基于城市耗水研究现状的综述和存在问题的总结分析,本书旨在解析城市耗水机理,提出城市耗水基本分析框架,建立城市耗水计算模型。为此,首先明确城市耗水的定义,解析城市耗水的类型及各自的耗水过程,建立城市耗水机理分析框架。框架中将城市耗水划分为建筑物内部耗水和露天耗水,然后围绕两种耗水问题分别开展研究,基本的思路是通过试验研究监测耗水过程,测定关键参数和相关定额,建立相应的耗水计算模型。对于城市露天耗水的研究,分植被、水面、裸土、硬化地面分别开展研究,其中针对硬化地面蒸发开展试验研究,测定相关的参数,为硬化地面蒸发计算模型提供数据支撑。在这些研究的基础上,基于城市土地利用类型建立了城市耗水计算模型,然后以清华园为例开展单元尺度的城市耗水计算模型应用研究,以厦门市为例开展城市尺度的耗水计算模型,以北京市为例，运用城市耗水计算模型计算核心城区、主城区、郊区的耗水特征及差异。最后基于城市用水、排水相关的统计数据和城市气象、水文、社会、经济、建设等各方面的数据，开展城市耗水的数据挖掘方法研究，探究城市耗水的影响因素及其关系。

其他章节的主要内容如下。

第 2 章是城市耗水现象与机理分析。首先给出了城市耗水的定义以及建筑物内部耗水、露天耗水等相关附属概念，并分析城市耗水的意义；其次论述建筑物内部耗水和露天耗水的机理及过程；最后建立包含耗水在内的城市水量平衡理论框架，提出从微观、单元和城市三个层面开展城市耗水问题的计算研究思路。

第 3 章是建筑物内部耗水机理研究。选取样本住宅楼和办公楼开展建筑物用水、排水、室内温度、室内湿度等相关要素的试验监测，证实建筑物内部耗水的存在，同时为耗水计算模型验证提供数据支撑。基于建筑物耗水过程监测和建筑物用水影响因素分析，建立建筑物内部耗水计算模型。针对不同类型的耗水项开展针对性的耗水监测试验，测定各耗水类型的耗水强度和耗水比例的取值区间，为耗水计算模型提供数据支撑。

第 4 章是城市露天耗水研究。本书中近似认为城市露天耗水等同于城市地表蒸散发。基于蒸散发特征，将城市地表划分成硬化地面、绿地（乔灌木、草地）、裸土和水面进行研究，其中硬化地面分为不透水硬化地面和透水硬化地面，建筑物屋顶属于不透水硬化地面。针对硬化不透水地面开展截留雨水试验，测定不同类型不透水硬化地面的持水深度，针对透水混凝土地面开展模型试验，测定混凝土层和下方土壤层的水分变化特征，并设立裸土和天然植被地面的对照组进行监测。引入彭曼系列公式，选用城市区域实测的气象数据进行植被、裸土、水面的蒸散发计算研究。

第 5 章是城市耗水计算模型及应用研究。在第 3 章和第 4 章的基础上，建立基于城市土地利用类型的城市耗水计算模型。以清华园为例开展单元尺度的耗水计算研究，分析不同类型耗水下垫面的耗水特征及其贡献率。以厦门市为例计算研究城市区域不同土地利用类型的耗水特征，研究城市化进程中城市耗水的变化特征。以北京市为例对比研究城市核心区、主城区及远郊的城市耗水特征。

第 6 章是总结与展望。主要总结介绍了本书研究的主要成果，对相关研究进行了展望。

1.5 研究的应用前景

本书研究形成的城市高强度耗水的内在机理认识和相关计算模型等成果，将为城市需水管理、落实最严格水资源管理的"三条红线"，以及区域蒸散发调控提供理论支撑和定量工具，在未来城市水资源管理实践中具有广阔的应用前景。

我国在灌区节水改造和农田节水设施推广的基础上，农业用水总量企稳并呈缓慢下降趋势，城市需水管理将成为今后用水总量控制的重点和关键。本书研究针对典型单元剖析提出的城市高耗水内在机理认识对评价各环节耗水的合理性、节水潜力等指标提供了理论依据；基于这些指标，可以对城市用水的合理性、高效性进行甄别，为制定科学的城市需水管理目标提供科技支撑。

2011 年中央一号文件明确提出要实行最严格的水资源管理制度，落实"三条红线"；2012 年 2 月国务院批复了《全国重要江河湖泊水功能区划（2011—2030 年)》，为全面落实最严格水资源管理制度，做好水资源开发利用与保护、水污染防治和水环境综合治理工作提供了重要依据。城市用水、耗水、排水是影响"三条红线"最活跃的因子，因为未来用水量的增长点主要在城市（影响总量控制红线），GDP 的主要产生区域在城市（影响效率控制红线），点源污染的主要来源是城市排水（影响纳污控制红线）。本书研究得出的城市区域用水、耗水、排水的定量方法可应用于"三条红线"指标体系的制定工作中，为近城市河段的开发、保护提供决策支持。

2001～2010 年，世界银行和全球环境基金在海河流域陆续开展了蒸散发管理的研究和试点。尝试以耗水管理代替传统的供水管理，在不牺牲经济社会发展的前提下实现"真实节水"目标，增加海河流域的入海水量，维持渤海湾的水盐平衡和生态平衡。该项行动制定了海河流域省套水资源三级区共 35 个单元的蒸散发控制目标，空间分辨率能够满足农田区域的管理要求，对于城市单元蒸散发调控的空间精度还不够。本书研究提出的城市单元耗水定量计算模型可应用于城市单元蒸散发调控指标的制定，为推进半湿润、半干旱地区的蒸散发管理提供定量工具。

第2章 城市耗水现象与机理分析

耗水是水循环过程的重要环节，是区域水量平衡的重要组成部分，也是能量平衡的重要影响因素。由于城市二元水循环的复杂性和强人类活动的干扰，城市区域耗水的类型和途径都比传统水循环中耗水要多，耗水过程和机理也更为复杂。从第1章的研究现状来看，城市耗水研究处于起步阶段，具体体现在基本概念不明确，耗水过程和机理不明确，没有形成基本理论框架体系。已有的研究偏重自然侧的耗水研究，社会侧耗水特别是建筑物内部的耗水研究较为薄弱。城市水量平衡中对城市耗水的考虑不全面，大多只考虑了自然侧的蒸散发（Grimmond et al.，1986）。基于上述情况，本章从城市耗水的现象出发，明确城市耗水的定义，探讨城市耗水的机理及其意义，以期为城市耗水研究提供科学支撑。

2.1 城市高耗水现象

随着城市化的发展，城市单位面积上的耗水强度也大幅增加，例如，北京市中心城区及通州、顺义等11个新城的总面积为1839km²，2010年供水的总供水量为24.4亿 m³，换算成单位面积的供水强度为1327mm/a（刘家宏，2018），考虑北京市2010年降水量为523mm，城区径流及排水量6.8亿 m³，地下水整体还处于超采状态，北京城区的耗水强度当在1480mm/a左右。北京市2003～2012年北京全市平均蒸散发为517mm，与平均降水量（523mm）比较接近，表明整个北京市自身水资源潜力得到了比较充分的开发，本地水资源进一步挖潜的空间有限；同时说明北京市对整个海河流域的水资源贡献非常有限。周琳（2015）以北京市为例，定量计算了山区、平原、城区、非城区的蒸散发量，对城市高强度耗水开展了实证研究。结果显示，北京市不同分区的同期蒸散发量差异很大。2003～2012年的10年间，北京市平均蒸散发量为517mm/a。高密度建筑及人类活动聚集地的城区部分蒸散发量最高，其平均值为928mm/a；最大值为2012年，达到 1230mm/a；山区蒸散发量最小，平均值为 466mm/a；平原非城区蒸散发量居中，平均值为 516mm/a。

选取蓝星石化有限公司天津石油化工厂（简称蓝星石化）作为典型工厂的水平衡分析对象，通过解析其"供—用—耗—排—循环再生—回用"过程，对其各个生产环节的耗水量进行分析计算，从物理、化学机制上分析其水分的运移转化规律，查清高耗水的原因和水分的去向。重点分析其产品耗水、厂区办公/生活耗水、厂区绿化耗水等，计算工厂耗水总量。对产品携带走的自由态水、结晶态水和化合态水进行甄别计算，揭示工厂区超高强度耗水的内在成因。分析结果显示，蓝星石化的新水取用量是 3843.55m³/d，耗水量是 2242.84m³/d，排水量 1600.77m³/d。折合成年新水取用量为 140.3 万 m³/a，耗水量 81.9 万 m³/a，排水量 58.4 万 m³/a。按照工厂占地面积 78.33 万 m² 计算，蓝星石化的人工取用水耗水强度为 1046mm/a，叠加上降水造成的蒸发耗水量，蓝星石化的单位面积耗水量要远大于当地的降水量，是水资源的净消耗区。

2.2　城市耗水定义

在水资源公报中，耗水量是指发生在输水、用水过程中，通过居民和畜禽等各种动物的饮用、产品带走、土壤吸收、蒸腾蒸发等多种途径消耗，在水循环过程中没有回归到地表水体和地下水体的含水层中的水量（龙秋波等，2016）。城市耗水是发生在城市区域各种形式的水消耗和水耗散。水消耗主要是水的吸收、转移过程，其主要途径包括人类和动物饮用、植物吸收、食物加工、产品带走等。水耗散主要是指水由液态向气态的转化，具有与植被、水面的蒸散发相同的物理意义，其发生的主要途径包括自然侧的蒸散发和人类用水活动中的各种形式的水汽耗散。

对于城市耗水，其水平边界与城市行政边界一致，垂向边界上至对流层顶部，下至不透水层顶部。在城市二元水循环过程中，城市耗水是自然侧的"蒸发"和社会侧的"耗"的总称。区分自然侧耗水与社会侧耗水的原则是用水的来源，由人工供水产生的耗水或蒸散发被定义为社会侧耗水，由天然降水产生的耗水或者蒸散发定义为自然侧耗水。如图 2-1 所示，自然侧的"蒸发"指城市区域的绿地、水面、土壤以及硬化地面的蒸散发，社会侧的"耗"指城市区域内人和动物饮用或者吸收的水，产品生产、食物加工等带走的水，以及人类用水活动中发生水汽转化而耗散的水和人工灌溉用水产生的蒸散发。

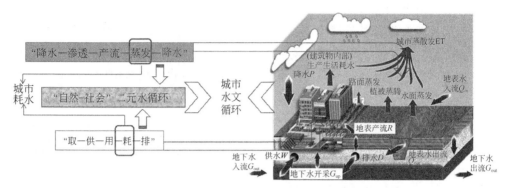

图 2-1　城市二元水循环与城市耗水

城市耗水是城市水文循环过程中的重要环节，其中水消耗是城市水足迹的重要组成部分，水消耗通量决定了城市水足迹的通量大小。水耗散包括建筑物内部用水产生的耗散与室外的蒸散发，这部分耗水对增加城市区域潜热，降低城市区域的温度具有较好的调节作用，对城市区域的环境、微气候具有直接的影响。

2.3　城市耗水机理

根据耗水现象发生的环境特征可以将城市耗水划分为建筑物内部耗水和露天耗水，图 2-2 给出了城市耗水的结构图。本书研究认为，城市社会侧的"耗"主要发生在建筑物内部，外加城市道路的人工洒水；自然侧的耗水发生在露天环境，近似认为露天耗水等于地表蒸散发。建筑物内部耗水的主要驱动力是人为活动，是人类在满足自身生活、生产需求的各类用水活动中产生的耗水行为。这部分耗水主要受人类活动影响，受外界条件如气象因素等的影响较小。其耗水活动的能量来源主要是认为提供的能源，比如电能、燃气等。室内耗水现象的发生导致水循环路径增多，其中一部分水被加工成食物、饮料或者其他产品，有的被人或者动物消耗而形成水足迹，有的被作为商品进行交易和流通，成为虚拟水。另一部分耗水则发生了状态转化，由液态转化成气态而形成水汽，改变了室内的温湿度环境，同时部分水汽也会通过门、窗及其他通风换气设备进去到室外，与地表蒸散发的水汽一起参与水循环过程。地表蒸散发是指各种下垫面表面发生的水分蒸发、植被蒸腾，其驱动力是太阳辐射，受气象要素影响明

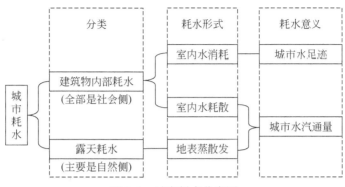

图 2-2　城市耗水分类图

显。在不考虑外来水汽的情况下，室内的水耗散和地表的蒸散发水量是城市区域水汽的主要来源。

建筑物作为一种典型的城市下垫面，是城市居民主要的生活和生产的场所。随着城市化的发展，建筑物由原来的单层建筑物、低层建筑物不断向中高层建筑物和高层建筑物转化。对于城市而言，星罗棋布的建筑物犹如一座座钢筋混凝土铸造的"树"，整个城市看起来就像是由"混凝土树"和天然树形成的森林。对于城市中的建筑物，其门、窗好比是这些"混凝土树"的气孔，是室内外水汽交换的通道。对于城市中的多层建筑物，其每一层都有耗水活动发生，相应的也都有水汽通过门、窗进行交换，而通常情况下，在晴朗天气，室内的相对湿度会高于室外的，水汽由室内流向室外。因此，在城市区域，正在使用的建筑物好比一个蒸汽炉，会将内部耗水产生的水汽排放到空气中，参与区域的水循环。

露天耗水是不同城市下垫面表面的蒸散发、植被蒸散发和土壤入渗的总和。城市的下垫面主要包括建筑物屋顶、沥青地面、砌石地面、铺砖地面、水泥地面、草地、植被、水面和裸土。这些下垫面都会截留雨水产生蒸发，尽管蒸发机理和蒸发能力不尽相同。对于部分沥青地面和水泥地面，会有市政洒水而产生的蒸发。对于部分草地、乔灌木等绿化植被，会有人工灌溉，这部分水量是相对无灌溉的植被而多出的降水量，在蒸散发计算中应该予以考虑（Sailor，2011）。

图 2-3 中给出了城市耗水的概念图。从中可以看出，不论是在建筑物内部还是露天环境，耗水的类型都比较多，这些耗水的驱动力、特征也不相同。为了深入解析城市耗水过程和机理，结合城市下垫面的实际特征，通过图 2-4 将耗水类型进行了整理和划分，列出了建筑物内部和露天环境中主要的耗水项及对应的下

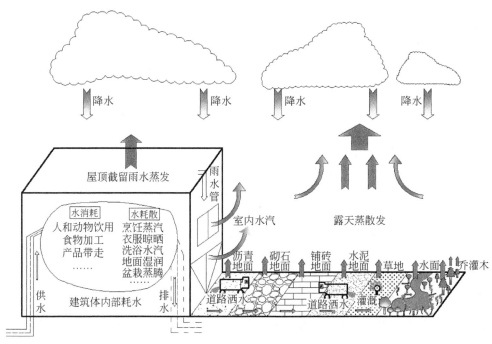

图 2-3　城市耗水概念图

垫面类型。建筑物内部耗水的来源是人工供水，在建筑物内部的用水过程中发生了多种途径的水消耗和水耗散，剩余的水成为污水经由排水管道排出建筑物。建筑物的屋顶同沥青地面、砌石地面、铺砖地面、水泥地面等硬化地面一样会截留部分雨水产生间断性的蒸发。草地、乔灌木、水面会发生蒸散发，所产生的水汽与建筑物内部水耗散的水汽一起进入大气，参与水文循环过程。

　　根据城市耗水特征，对城市区域进行耗水单元的划分，搭建城市耗水机理分析框架（图 2-4）。根据耗水特征和城市下垫面特征，在一级分类中将城市下垫面划分为建筑物、硬化地面、裸土、绿地和水面共五类。这五类下垫面可以涵盖城市的主要耗水类型，这是城市下垫面的二级分类，这个分类实现了下垫面与耗水类型的对接，其中建筑物划分成建筑物内部耗水和建筑屋顶截留雨水蒸发，硬化地面细分成透水硬化地面和不透水硬化地面。在二级分类的基础上开展耗水的计算研究，其中建筑物屋顶和硬化地面一样，耗水体现在截留雨水蒸发，对于透水硬化地面，还存在硬化层下面的土壤蒸发现象，而对于部分不透水硬化地面，比如沥青道路、混凝土道路还存在人工洒水产生的蒸发现象。在城市耗水计算中，分建筑物、不透水硬化地面、透水硬化地面、裸土、草地、乔灌木、水面这几类进行研究。

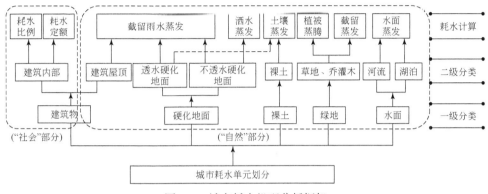

图 2-4　城市耗水机理分析框架

2.4　城市耗水平衡框架

城市是一个巨大的水消费区域，为了满足居住在城里的人们的生活、生产需求，除了降水之外，增加了人工的供水。因此，城市区域的水耗散具有"双源"特性，引发水耗散的能量则呈现"多源"特性。水的"双源"是指降水和人工供水，其中人工供水包括自来水、中水、桶装水等多种人工水源，自来水的水源又包括地表水、地下水、外调水等，因此城市的水源呈现"双源"中包含"多源"的多水源特征。能量是城市运行和耗水活动的必需品，城市的能量来源是"多源"的，主要的能源包括天然气、煤、石油、人体散热、空调放热等社会侧人为因素散热，以及太阳辐射、土壤热通量等自然能量来源。城市水耗散是指在强人类活动的干扰下，由"多源"能量引发的，发生在城市建筑物内部和露天的各种形式的水耗散。

在城市区域，耗水途径多，过程复杂，而且监测困难，是城市水量平衡中的计算难点。通过对城市耗水的定义和机理的解析，本节构建了城市耗水平衡框架（图 2-5），图中展示了不同类型下垫面的水量来源、消耗以及排水的情况，构建了水循环路径。从图中可以看出，在考虑城市耗水的情况，城市的水循环过程基本呈现供水+降水=耗水+排水+储水变化的特征，其中储水变化包含了地表水和地下水的储水变化。

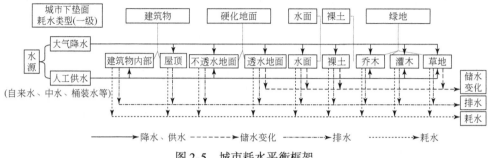

图 2-5　城市耗水平衡框架

在图2-5城市耗水平衡框架中做如下假设：大气降水除了不给建筑物内部供水，其他类型的下垫面都接受降水水源，而人工供水不给建筑物屋顶、透水地面、水面、裸土供水。对于城市区域的出水量变化（包括地表水和地下水），主要考虑硬化地面中的透水地面、水面、裸土及草地。对于排水和耗水两项，则要考虑所有的耗水下垫面（二级分类），对于乔木和灌木，其排水量等于降水量减去植被截留雨水量。各地块的耗水量则需要基于本书研究的耗水机理及相应的耗水计算模型进行计量，最终实现城市区域的水量平衡。

基于以上城市水循环框架，构建如下城市水量平衡模型：

$$W_S + P = W_D + D + \Delta W \qquad (2-1)$$

式中，W_S 为城市年用水总量，m^3；P 为城市年降水总量，m^3；W_D 为城市年耗水总量，m^3；ΔW 是城市年储水量变化量，m^3；D 为城市年排水总量，m^3。本书研究中的排水量不同于城市中的市政排水，是包括城市降雨产生的径流和城市各种人工用水产生的污水或者排水的总和。

2.5　城市耗水计算分析框架

基于对城市耗水的定义和机理解析，本节以水量平衡为机理构建城市耗水量计算的分析框架。框架分为微观尺度、单元尺度、城市尺度三个层次，以水量平衡为主线，结合不同尺度耗水特征，探讨耗水计算基本理论。

2.5.1　微观尺度的城市耗水计算

微观尺度的城市耗水是指具体到一个建筑物、一块地面，或者具体到一个人、一间房子、一棵树的耗水。耗水计算需要紧密结合微观尺度的用水行为和耗水过程，比如研究一个人一天的耗水量，需要解析一个人生活一天所必须要进行的用水行为以及期间的耗水过程，结合试验监测数据，以统计学方法建立耗水计算模型。对于城市建筑物的耗水，采用仿生学原理，将建筑物类比成天然植被或者树木，建筑物内部的输配水管线类似于植被内部的导管，进行输配水活动，房间类似于植被的叶子，门窗类似于植被的气孔，进行水汽交换。建筑物的建筑面积可以等价于植被的叶面积指数，用来表征发生耗水或者蒸发的表面积大小。不同的是建筑物内部耗水的主要影响因素是人类活动，其驱动力是人为因素和人为能量供给，而植被蒸散发的主要影响因素是气象要素和植物本底含水量，其主要驱动力是太阳辐射和温度、风速等气象要素。

相比自然树木的蒸散发，建筑物内部水耗散的主要驱动力是人类活动。对于非生产性建筑物（也被称为民用建筑），人类在建筑物内部的用水活动主要是满足日常生活需求，用水活动的类型是相对固定的，用水活动也是不断重复的。考虑到生产性建筑物中用水和耗水受行业标准影响明显，且不同行业之间差距较大，因此本书研究中暂不对生产性建筑物内部耗水开展研究。对于民用建筑内部的耗水，试验观测和调查统计表明，一定功能的建筑物，其内部的用水类型和耗水类型是相对稳定的。图 2-6 展示了典型功能的城市建筑物的耗水结构，其中城市的民用建筑分成居住建筑和公共建筑，公共建筑包含了办公、商业、医疗、公共服务等建筑。两者相比，其主要特征是在居住建筑内部，其活动或者用水人员是相对固定的，而在公共建筑内部，除了固定工作人员外，都有外来人员参与建

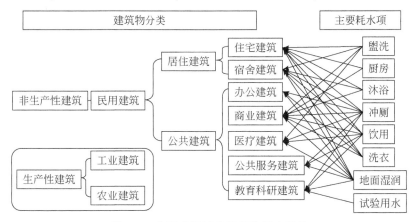

图 2-6　典型功能城市建筑物耗水结构

筑物内部的用水和耗水活动。其中住宅建筑的耗水类型是最全的（不包含试验用水），因为住宅建筑需要满足人的日常生活的各种用水需求。

具体到耗水项的耗水过程解析如下。

盥洗通常是指洗手和洗脸，在现代建筑物中，人类卫生间如厕后洗手是主要的盥洗活动，其中居住建筑中的还包括洗脸活动。盥洗活动的主要耗水方式是水耗散，具体是指盥洗过程中，皮肤表面、毛巾等吸附的水量产生蒸发而耗散到空气中。

厨房的耗水包括水消耗和水耗散，其中水消耗占比较大，主要是食物加工过程中的水分转移，比如在煮粥、蒸米饭过程中大量水分转化成粥、熟的米粒而被消耗，另外在面食加工过程中需要用水和面而产生水消耗，等等。在这些食物加工过程中会产生蒸汽，这部分水量以水汽的形式耗散进入空气。此外在食材清洗、餐具清洗过程中也会产生水汽耗散。相比其他耗水，厨房的耗水形式和过程更为复杂、耗水比例也更大。

沐浴是居住建筑，包括宾馆、公寓、宿舍在内的主要的用水和耗水项，沐浴方式主要包括淋浴和盆浴。沐浴的主要耗水方式是沐浴期间的水耗散，包括水汽散失和墙壁、毛巾擦拭等吸附的水量。虽然盆浴更加舒服，但是淋浴相比盆浴更加节水和卫生，也是目前家庭住宅、公共浴室、宾馆等建筑物中最主要的沐浴方式。

冲厕几乎是现代城市建筑物中都有的用水和耗水项，特别是在办公楼、公共服务建筑物、教学楼等建筑物中，冲厕用水占比在60%～70%，是这些建筑物的主要用水和耗水项。冲厕过程的耗水分为水耗散和水消耗，其中水耗散的比例很小，主要是卫生器具表面的水蒸发而产生耗散。水消耗则是指水在冲洗大便过程中溶解或者被吸附到一些物质内部，最终在化粪池沉淀而没有进入污水管道的水量。

洗衣耗水指洗衣服过程中发生的水汽耗散，对于传统的手洗方式，湿衣服含水量较大，在晾晒过程中会有部分水滴落在地面，对于室内晾晒衣服一般会拿脸盆或者其他容器接走作为污水排出。对于洗衣机洗涤方式，无论是传统的双缸（洗衣和甩干）还是全自动洗衣机，洗完的衣服还是会含有水分，需要晾晒，这个过程仍然会有水汽耗散。

饮水产生的耗水包括水消耗和水耗散，水耗散主要是呼吸、皮肤出汗等方式耗散的水量，水消耗是人体饮用后暂存在体内的水量。

建筑物内部清洁耗水主要是地面、桌面、玻璃等清洗擦拭而产生的水汽耗散。其他的耗水主要指建筑物内部盆栽植物的浇灌，用水过程中的溅、漏等耗散损失。

在微观尺度城市耗水计算模型中，对于自然侧的蒸散发以能量平衡方程为主，结合实测数据进行蒸散发计算，但需要特别说明的是由于受人类活动干扰，要将人工供水的水量加入进去，更新水量控制条件，建立包含人工供水、洒水或者灌溉的蒸散发计算模型。对于社会侧的微观尺度耗水，开展典型试验监测，测定相关的参数和定额，采用统计学方法进行计算研究。

2.5.2 单元水平衡方法

单元尺度的耗水计算取决于单元内的下垫面情况，在城市微观尺度耗水研究的基础上，解析城市单元的耗水类型，计量对应的面积比例，计算不同耗水类型的耗水强度，通过面积加权计算得到相应单元的耗水量。在空间上隔离对应的城市单元，计量单元的来水量，包括人工供水、天然降水，监测相应区域的城市排水量，包括污水和雨水，计量单元区域在研究时段的地表、地下水储水量变化，通过水量平衡验证城市单元尺度的耗水计算。单元尺度是城市尺度的缩影或特例，单元尺度耗水的计算精度直接影响城市尺度耗水的计算精度。

2.5.3 城市尺度水平衡研究

城市尺度的耗水计算分为自上而下的水量平衡方法和自下而上的基于城市土地利用类型的统计学方法（图 2-7）。其中水量平衡方法需要解析城市的来水和去向，其中来水包括降水、人工洒水、管道供水、自备井供水等，去向包括污水、雨水径流、入渗、产品转化等，计量地表水、地下水的储水量变化，通过水量平衡来计算城市的耗水。基于城市土地利用类型的统计学方法需要在微观尺度和单元尺度研究的基础上，根据城市土地利用现状资料或者城市高清遥感影像数据反演，得到城市下垫面土地利用的数据，具体到耗水类型的下垫面，处理城市下垫面的高异质性问题，提高城市耗水计算精度。

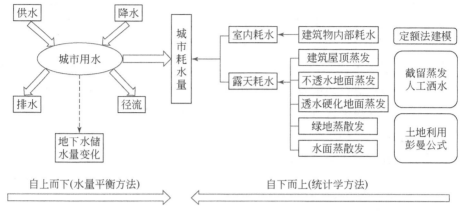

图 2-7　城市耗水计算分析框架

2.6　本章小结

本章作为本书的理论支撑，首先给出了城市的耗水的定义，分析了不同类型耗水的意义，明确了城市耗水在城市水文循环中的角色和地位，印证了城市耗水研究的重要意义。然后解析了城市耗水的物理过程，探究了城市耗水机理，提出了城市耗水的分析框架，构建了城市耗水的水平衡模式。最后从微观层面、单元层面、城市层面探讨了城市耗水计算的思路和方法，搭建了城市耗水计算的基本分析框架。

（1）城市耗水是指城市区域各种形式的水消耗和水耗散，是城市"自然-社会"二元循环中社会侧的"耗"和自然侧的"蒸散发"的总称，在水量和水文两方面都对城市水循环具有重要意义。

（2）根据发生场所环境特征，城市耗水分为建筑物内部耗水和露天耗水两类。建筑物内部耗水是发生在室内各种用水活动过程中的水消耗和水耗散，是社会侧耗水的主要部分。露天耗水在本书中近似认为等于露天蒸散发，是发生在建筑物屋顶和硬化地面、植被、裸土、水面蒸散发的总称，也是自然侧耗水的主要部分。

（3）水量平衡是本书研究的基本依据。城市区域的用水量等于区域的排水量、耗水量和储水量变化之和，构建了城市区域水量平衡分析框架，形成了城市水量平衡方程。

（4）微观尺度耗水主要针对具体建筑物的内部耗水进行研究，建立建筑物耗水量与建筑面积、内部人数等因素的定量关系。单元尺度主要是针对街区、小区或学校这样的单元开展耗水计算研究，可以基于耗水类型的面积数据计算。城市尺度的耗水计算需要首先建立土地利用数据与耗水类型的数据关系，然后利用耗水计算方法开展城市耗水计算研究。

第 3 章　建筑物内部耗水机理研究

城市是"自然–社会"二元水循环区域。"社会水循环"概念最早于 1997 年被英国科学家 Merrett（1997）提出，随后陈家琦等（2002）提出了"人工侧支循环"的概念，并将其描述为由"取—输—用—排—回归"五个环节组成。贾绍凤等（2003）指出，人类活动对水循环的影响以及社会经济系统对水资源的利用就是社会经济系统水循环。王建华等（2014）提出，社会水循环就是为实现一定的经济社会服务功能，水分在社会水循环系统中的存储、运输、转化的过程。在城市，人类的用水活动（生活、生产、服务用水等）大多发生在建筑物内部，因此从社会水循环的概念可以看出，建筑物是城市区域社会水循环的主要发生场所。

建筑物是一种典型的城市下垫面，也是一种主要的城市下垫面，这一点可以通过建筑密度（建筑物的基地面积/规划建设用地面积）来反映。《城市规划定额指标暂行规定》中对城市的建筑密度有详细规定，一般不超过 30%。北京市东城区、西城区的建筑密度在 26% 左右，明显高于其他城区和远郊（李丽华等，2008）。根据《中国城市统计年鉴》统计数据，2015 年全国城市居民生活用水量占城市用水总量的 37%，而这一部分用水活动基本发生在建筑物内部。由此可以看出，无论是从面积比例角度，还是用水量占比角度，建筑物都是城市区域的水循环研究中不可忽略的部分。同时，对于城市而言，正如第 2 章耗水机理部分所提到的，每个建筑物如同城市"混凝土森林"中的一颗"混凝土树"，建筑物内部的耗水是指发生在这些"混凝土树"中的水消耗和水耗散，相比城市和小区尺度，建筑物的耗水需要从微观层面去解析和计算。

根据《城市用水分类标准》，城市区域的用水分为居民家庭用水、公共服务用水、生产运营用水、消防及其他特殊用水。其中前三种用水主要发生在建筑物内部，生产运营用水的行业属性较明显，不同行业之间差距较大，而公共服务用水是指城市区域的社会公共生活服务用水，与居民生活用水类似。在本书研究中假设城市的居民生活用水和公共服务用水都发生在建筑物内部，这些建筑物在建筑物分类中统称为民用建筑。本书的建筑物内部耗水的研究对象是民用建筑物内部的耗水。

3.1 城市建筑物耗水的试验研究

从水量平衡的角度来看,建筑物的耗水等于建筑物的供水(或者用水)量减去建筑物的排水量。从耗水过程来看,建筑物的耗水是指在建筑物内部各种用水活动过程中发生的水的时空转移和转化,其中转移主要是人类饮用水、食物转化水、产品带走水等形式,转化是指用水过程中的水汽耗散,由液态转化为气态进入室内空气中,影响和改变室内的湿度情况。根据建筑物内部耗水的特征,通过体积法、重量法、监测室内水汽含量变化等方法进行建筑物内部耗水监测。

建筑物的耗水是建筑物内部人类用水活动的伴生过程,具有明显的间歇性和不均匀性,建筑物排水是建筑物用水和耗水活动的结果,同样呈现明显的间歇性和不均匀性,同时由于建筑物污水的水质差,杂物较多,因此建筑物排水的监测难度很大,在已有的研究中少有关于建筑物排水的计量和监测。通常,在市政室内排水管网设计时,排水量往往是通过供水量和折算系数进行估算,这个系数往往是规范制定的区间,没有区分不同功能和类型的建筑物中的取值差异。为精确解析不同类型建筑物耗水特征,解析建筑物耗水过程,测定各耗水项的耗水定额、耗水比例,本书针对建筑物耗水问题开展建筑物排水监测,用水量监测,建筑物内部温度、湿度监测,用水人次监测,各耗水项的耗水定额、耗水比例监测。

3.1.1 建筑物排水监测

本书选择两种城市典型建筑物(住宅楼和办公楼)开展试验研究,所选样本建筑物位于北京市海淀区,两个建筑物都是三层建筑,其中办公楼的建筑面积 $6000m^2$,里面常驻办公人员 360 人;住宅楼建筑面积 $3600m^2$,居民 135 人。

根据《建筑给水排水设计规范》(GB 50015—2003),建筑物的污水在进入市政污水管网前要经过化粪池进行悬浮物过滤和沉淀。调查显示,一般情况下多个建筑物共用一个化粪池,同时由于沉淀过程中发生的水量损失难以估计,这样导致经过化粪池后的污水水量无法在时间和水量两个方面与用水量对应。为此要准确监测建筑物的排水量,就必须在建筑物污水进入化粪池之前进行计量。图 3-1

中给出了试验所选建筑物的污水排泄路径。从图中可以看出，在进入化粪池之前能对建筑物的污水进行监测的就是排水管出口或者地下污水渠，但是由于污水渠串联多个建筑物的排水管，同时由于污水中夹杂很多杂质，监测难度大。试验最终将监测点选在图中检查井内的建筑物排水管出口。

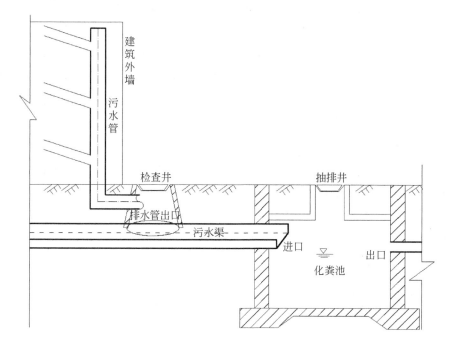

图 3-1　试验建筑物污水路径图

由于建筑物的污水具有明显的间歇性，同时污水中夹杂粪便等杂质，因此很难用一般的流量计或者水量、流量监测设备实现污水量监测。本研究选用中国水利水电科学研究院的专利产品——一种间歇性流的监测设备（刘家宏等，2015），设备实物和安装情况见图 3-2。

该设备的工作原理是：通过固定容积的翻斗拦截污水并翻转倾倒，如此重复，通过安装在设备上的计数器来统计翻转次数，在固定时间内，污水的排水量等于翻斗的容积乘以翻转次数，需要说明的是为保证计量准确性，翻斗的截面是特定的曲线结构，随着翻斗内液体水位的变化，翻斗重心发生移动，当液体充满翻斗时，翻斗会自动快速翻转倾倒液体，然后自动复位到水平状态继续监测。为保证试验数据准确性，试验之前，通过带水表的清水管放水对设备进行了校准和率定。

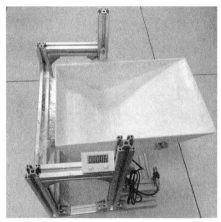

图 3-2 间歇流监测设备及试验安装图

试验分别在办公楼和住宅楼开展，监测对象为建筑物的用水量和排水量，试验时间步长是 1 小时，连续监测时间为 2 周。将监测时间内的 10 个工作日和 4 个休息日的数据取平均值，得到工作日和休息日一天内每小时的平均用水、排水值。其中建筑物用水观测采用了建筑物内配的六分水表（图 3-3），内径 20mm，精度 0.0001m^3。对于办公楼，每日 0:00 ~ 7:00 不读数，因为期间办公楼关闭，没有发生用水行为。

图 3-3 六分水表

排水量通过间歇流量水设备进行监测，试验所用设备的翻斗容量为5L，每隔1小时记录水表的读数 W_i 和间歇流量水设备上计数器的读数 N_i，则 $i-1$ 到 i 时间段内的耗水量 D_i 如下（其中 $i \geq 1$，i 表示试验时段）：

$$D_i = W_i - 0.005N_i \qquad (3\text{-}1)$$

图 3-4 给出了办公楼的排水监测结果，并计算了试验期间建筑物的排水系数。图中各组试验监测时段均为 1 小时，用水量差距较大，最大超过 $0.9\text{m}^3/\text{h}$，最小为 $0.2\text{m}^3/\text{h}$，主要原因是办公室用水人数和用水活动差异较大。从图中可以看出监测的排水量均低于同时段记录的用水量，说明办公建筑物内部的耗水确实存在。通过排水量除以对应时段的供水量得到该时段的排水系数，结果显示排水系数呈现波浪形状上下浮动，试验期间平均排水系数为 0.9。

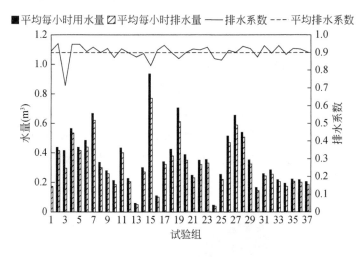

图 3-4　办公楼排水监测结果

考虑到办公建筑物内部人员工作情况，工作日员工上班，周末多数员工休息，偶尔有一部分人加班等情况，排水监测试验针对工作日和周末分别进行了试验，监测时间间隔为 1 小时。图 3-5（a）展示了办公楼在工作日和周末排水量与用水量的日变化过程，结果显示不论是工作日还是周末，排水量与用水量的变化趋势都相同，而且同一时段排水量小于等于用水量。由于办公建筑物内在 0:00 ~ 7:00 为门禁时间，没有人员在建筑物内部活动，因此这段时间不发生用水行为，不会产生排水，也不进行排水监测试验。工作日内，用水和排水高峰分别出现在 9:00 ~ 11:00 和 13:00 ~ 15:00，周末的用水和排水高峰出现在上午

9:00 ~ 10:00。

同样对住宅楼进行了用水量、耗水量的监测，图 3-5（b）展示了工作日和周末住宅楼内部的用水量与排水量的小时变化曲线。与办公楼一样，住宅楼的排水量与用水量具有较好的相关性，而且相同时段内的排水量始终低于用水量，充分说明住宅楼内部耗水现象和耗水量的存在。与办公楼不同的是，住宅楼内部的

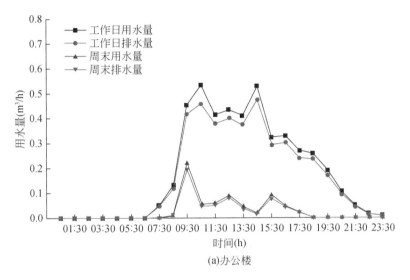

(a)办公楼

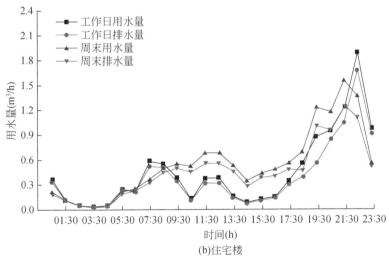

(b)住宅楼

图 3-5　办公楼、住宅楼在工作日和周末的用水排水变化过程

用水和排水峰值出现在 19:00 ~ 23:00，这是因为这段时间是住宅楼内居住者集中盥洗和洗浴的时间。周末与工作日的变化过程相比可以看出住宅楼内用水量和排水量在周末白天时段明显高于同时段工作日的值，而且在 8:30 之前，工作日用水量高于周末，在 8:30 ~ 23:30，工作日用水量低于周末。这主要是由住宅楼内居住者的用水行为决定。

3.1.2　建筑物内部温度、湿度监测

为证实建筑物内部用水活动产生的水汽耗散现象，解析耗水的过程，探究建筑物内部耗水机理，对建筑物内部的温度、湿度进行监测。试验仪器选用天建华仪生产的（WWSZY-1）无线温湿度记录仪，该仪器采用无线 433MHz 低频通信，进口测温测湿元件，配有 3.5 位液晶显示。其温度测量范围是 -40 ~ 100℃，不确定度 ≤0.5℃，分辨率为 0.1℃；湿度测量值是相对湿度，范围是 0 ~ 100%，不确定度 ≤3%，分辨率为 0.1%。设备在出厂前都经过了高精度验证，温度通过恒温水域进行验证，湿度通过湿度发生器进行校准。为保证试验仪器的精度，我们在试验前将温湿度自记仪放在一起并比较记录结果，结果显示温度和相对湿度的方差分别是 0.063 和 0.86。图 3-6 和图 3-7 分别给出了选取的典型住宅楼和办公楼内部温湿度监测点的布设以及试验设备。

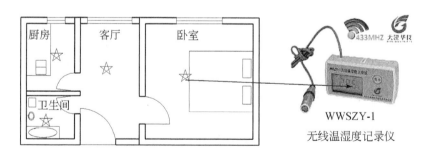

图 3-6　住宅楼内监测点布设

☆监测点

试验选用的温湿度自记仪（WWSZY-1）只需安置在监测点就能实现温度和相对湿度的自动记录，试验参数设置中将记录的时间步长设定为 1 小时。集中监测时间范围从 2016 年 12 月 25 日至 2017 年 5 月 20 日。

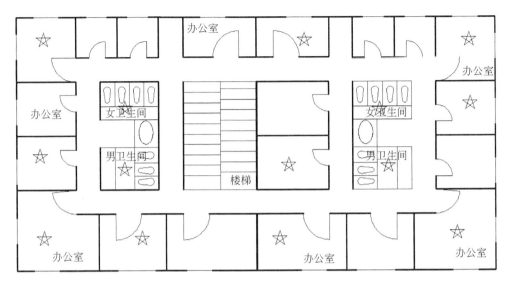

图 3-7   办公楼内平面图及监测点布设

☆监测点

图 3-8 展示了某公寓在有无人居住情况下的温湿度变化情况，试验时间为 2017 年 4 月 28 日 0:00 至 5 月 6 日 12:00，其中 5 月 1 日 6:00 之前没有人居住，期间门窗为关闭状态，之后有两个人居住。该公寓的面积为 12m²，有一扇窗户和一个门，窗户连通室外，门连通楼道，居住期间窗户处于关闭状态，门在居住人员进出时开启，其他时间关闭，为尽量保证试验房间的隔绝程度，在门上安装有门帘。需要说明的是，由于公寓内没有卫生间、洗漱台，但是有简易的灶台，可以烹饪，因此房间内主要耗水活动为做饭时的蒸汽，除此之外是人的呼吸和皮肤蒸发。图中结果显示，在有人和无人居住情况下，平均温度相差 1.2℃，平均相对湿度相差 8.2%。进一步观察，发现无人居住期间室内温度呈现直线上升趋势，并且在 4 月 30 日趋于稳定，因此将 4 月 30 日 0:00 至 5 月 1 日 6:00 时段内的温湿度与有人居住时段内的平均温湿度相比，后者的平均温度比前者低 0.3℃，相对湿度却高 8.6%，由此进一步证实有人居住情况下，室内的湿度明显高于无人居住情况。结合室内居住人员的活动情况分析可以看出，有人居住期间相对湿度的峰值基本出现在居住人员烹饪的时间段内，由此说明建筑物的内部的烹饪活动具有较为明显的耗水特征，并且会增大室内的湿度。

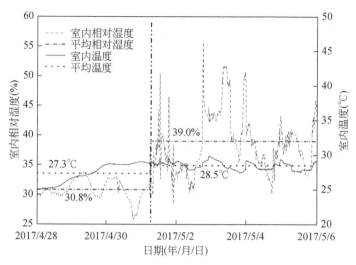

图 3-8　公寓有无人居住情况的温湿度变化

图 3-9 中给出了办公楼内在工作日和周末两种情况下，室内相对湿度、温度与对应时段用水量、排水量的变化关系。图中空心线状图是相对湿度，实心线状图是室内温度，试验监测时段为 2017 年 2～4 月，从监测结果来看，监测时段内室内温度变化很小，工作日和周末一样，温度的变幅在±1℃以内。因此可以认为相对湿度的大小趋势能够代表绝对湿度的大小趋势。相对湿度变化明显，而且 0：00～7：00 时段内相对湿度都呈现下降趋势，在 20：00～24：00 时段

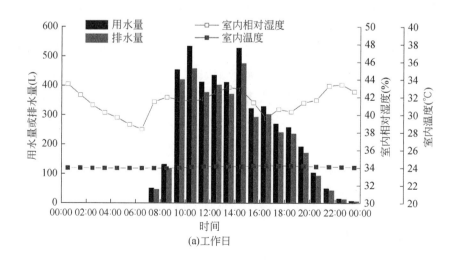

(a)工作日

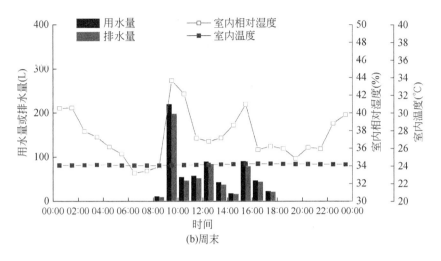

图 3-9　办公楼内相对湿度、温度与用水量、排水量的变化关系

内相对湿度上升。在白天时段内，湿度随着用水量的增加而增加，用水量出现峰值后对应的相对湿度也会出现峰值，但是在监测时段内办公楼内的相对湿度没有超过 50%。

住宅楼的温湿度监测选择两个住宅小区中的两户民宅进行，监测时间范围为 2016 年 12 月至 2017 年 2 月。图 3-10 给出了住户家中不同房间的相对湿度、温度在工作日的 24 小时变化特征（由于周末作息和生活不规律，取均值意义不大，因此在此不做研究），与办公楼监测结果一致，温度的变幅很小，基本都在 ±1℃ 范围内变化，相对湿度变化明显，因此通过相对湿度来反映湿度的大小变化。其中客厅的结果是其他三个房间面积加权平均的结果，主要是因为客厅是卫生间、厨房和卧室的中心（图 3-6），监测期间客厅没有明显的用水活动。从结果来看，监测住宅建筑物内白天出现两个湿度峰值，6:00～9:00 和 18:00～22:00，这与监测期间住宅楼内的人员活动紧密相关。监测期间建筑物内部居住两人，工作日作息规律，白天上班，中午不回家，早晨和晚上下班回家在家做饭，早晨和晚上也发生盥洗和淋浴、如厕等其他耗水活动。监测结果也充分说明住宅楼内部的洗漱、烹饪、淋浴等耗水会产生水汽耗散，并且释放到室内空气中，在温度几乎不变的情况下增加室内相对湿度。

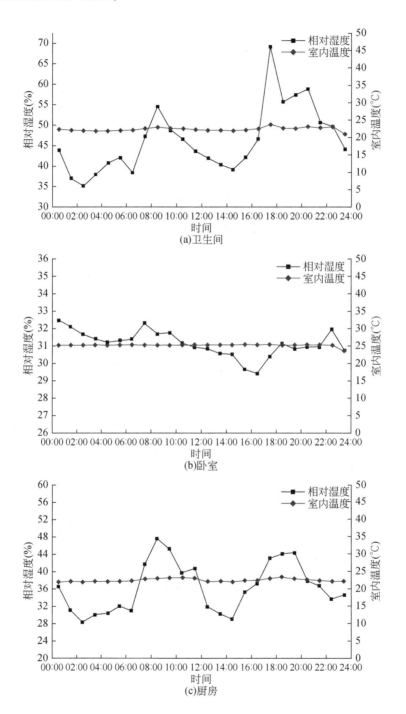

(a)卫生间

(b)卧室

(c)厨房

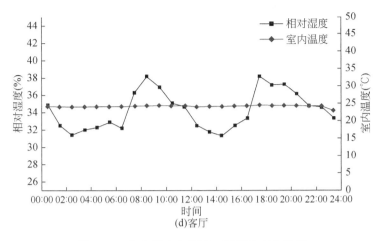

(d)客厅

图 3-10 住宅楼室内温度、湿度的变化特征

试验中监测和记录的时间步长为 5 分钟，为了进一步研究住宅建筑物内部的温湿度变化特征，从每小时 12 组数据中分别筛选相对湿度的最大值和最小值以及各自对应的温度值，用每小时内监测到的最大相对湿度减去最小相对湿度得到该小时的相对湿度差，同时对应的温度相减，得到温度差。对监测期间不同日期同一时段的差值结果取均值，所得结果绘制图 3-11。从图中可以看出不管是卫生间、卧室、厨房还是客厅，温度差都很小，正如图 3-10 中展示的结果。相对湿度差值明显，特别是卫生间，在一个小时内，相对湿度差值最大超过 30%。从四个房间来看，相对湿度差出现峰值的时间很相近，主要是 6:00 ~ 8:00 和 18:00 ~ 22:00，这两个时段是建筑物内部人员活动和用耗水的主要时段。

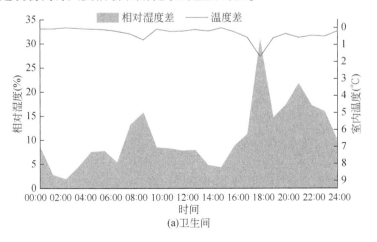

(a)卫生间

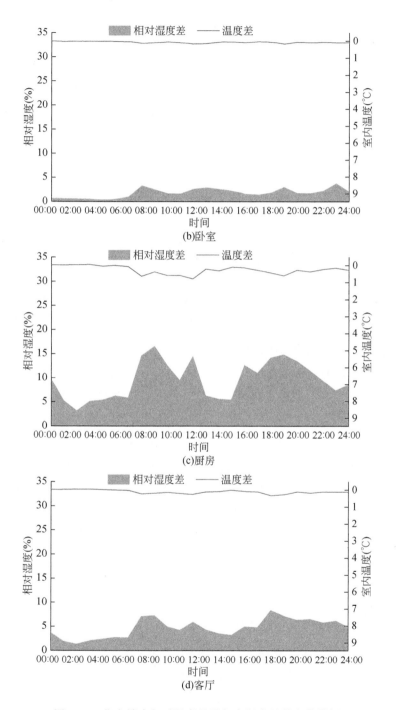

图 3-11　住宅楼内相对湿度差及相应温度差的变化特征

通过对典型办公楼和住宅楼进行温湿度监测，研究了办公楼和住宅楼内部相对湿度和温度的小时变化特征。针对办公楼，比较分析了温湿度与用水、排水的变化规律，同时比较了工作日和周末的用水活动及室内温湿度的变化特征。针对住宅楼，比较分析了典型住户家中卫生间、厨房、卧室、客厅的相对湿度、温度的变化特征，以及每小时内最大差值变化特征，结合建筑物内部居住者的用水活动进行分析，结果表明，在居住者集中盥洗、做饭和洗浴的早晨和晚上时间段，室内的相对湿度较大，每小时内差值也较大，说明住宅楼内人们的盥洗、做饭、洗浴等用水活动会产生明显的水汽耗散现象。

3.1.3 建筑物内部用水活动人数监测

建筑物内部的耗水是由人类的用水活动引起，因此用水人数或人次是重要的参数。为了准确统计试验期间建筑物内部用水的人次，本书选用一种人流量计数器，如图 3-12 所示。其工作原理是通过红外激光发射器发出红外光，照射在反光板并返回，当有人通过打断红外光，计数器自动计数 1 次，计数速度是 10 次/s，计数范围是 0 ~ 999999，工作电压为 220V。

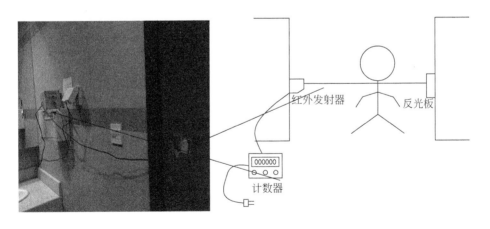

图 3-12　人流量计数器及安装示意图

监测期间，人流量计数器安装在建筑物大门用来统计建筑物内部的人数，安装在卫生间、水房门口用来监测建筑物内部用水人次。考虑到卫生间和水房的人存在短时间内出入的问题，因此最终的用水人次等于计数器读数的一半。建筑物大门的人数统计选在早晨上班时间（7:00~9:00），由于这段时间内办公楼门口几乎是只进不出，因此认为计数器人口就等于建筑物内部的活动人数，如果监测期间遇到突发事件有大量人员出来则另作考虑。

图 3-13 给出了办公楼男女卫生间的相对湿度、温度、用水量、用水人次在工作日 24 小时内的变化过程。卫生间用水量与用水人次具有较好的相关性，主要是因为室内人员来卫生间的用水活动相同，都是如厕和洗手，这也可以说明单项用水活动的用水量相对稳定。同办公室、住宅室内监测结果一样，办公楼卫生间的温度变幅很小，在±1℃以内，相对湿度的大小可以代表绝对湿度或者水汽含量的大小。结果显示在每天的 0:00~6:00，相对湿度下降，20:00~24:00相对湿度上升。白天时间段内，6:00~10:00，相对湿度变化呈上升趋势，而且前置于用水量的变化，之后相对湿度变化趋势滞后于用水量变化趋势。这是因为早晨保洁人员要打扫卫生间，明显增加水汽的活动是拖卫生间的地板，这部分水来自水房，而不是卫生间，这期间卫生间几乎没有人使用，用水活动也仅仅是保洁人员冲洗便坑或者马桶。之后的湿度增加主要由冲厕用水产生的耗散引起，因此相比用水量变化，湿度变化略有滞后的表现。研究结果表明建筑物内部的水汽或者湿度增加与用水量、用水人次紧密相关。

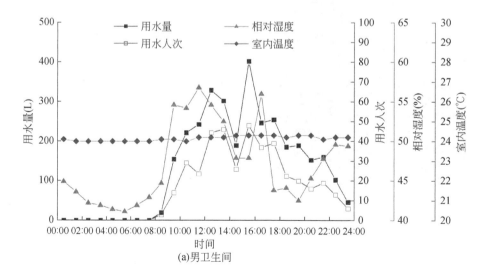

(a)男卫生间

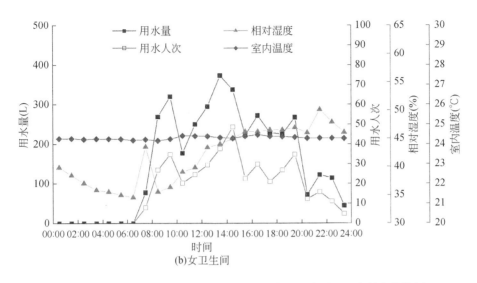

图 3-13 办公楼卫生间相对湿度随用水人次、用水量、温度的变化特征

3.1.4 建筑物内部耗水项试验监测

本书 2.5 节中将建筑物内部耗水分为盥洗、厨房、沐浴、冲厕、洗衣、饮用、清洁、试验用水共计八类。其中试验用水具有特殊性，时间上不连续，用水过程中耗水量差异较大，普适性较差，在此不作研究。《建筑给水排水工程》中列出了民用建筑的五类用水项：冲厕、厨房、沐浴、盥洗、洗衣（这五类用水项都包含在 2.5 节中的耗水项中），这也说明 2.5 节中耗水项划分的科学性与合理性。为了计算和研究这些建筑物的耗水量，需要知道建筑物耗水项的耗水比例或者是定额，为此针对耗水项开展试验研究，主要的试验方法见表 3-1。

表 3-1 建筑物耗水项的耗水特征及试验监测

耗水项	耗水特征	监测方法
盥洗	水耗散	体积法、称重法
厨房	食物加工转化和蒸汽耗散	体积法、称重法、湿度监测
沐浴	水耗散	称重法、湿度监测
冲厕	水消耗和水耗散	体积法、标准规范
洗衣	水耗散	称重法、体积法、标准规范

续表

耗水项	耗水特征	监测方法
饮用	饮用消耗和呼吸、出汗耗散	调查统计、文献参考
清洁	拖地、清洗墙面、玻璃等水耗散	称重法、体积法
其他	盆栽植物浇水、洒、漏损失	调查统计、文献参考

盥洗耗水监测通过安装在盥洗水管末端的水表计量用水量，在盥洗台下方对排水进行收集量测，通过量筒或者带刻度的矩形水箱进行计量，认为体积之差即为盥洗过程中产生的耗水。

在厨房耗水监测过程中单纯使用体积法无法监测水消耗量，因此加入称重法、湿度监测进行综合监测。湿度监测主要是监测水汽耗散量，称重法和体积法相互结合，计量水消耗水量。

本书研究中沐浴耗水监测选择淋浴方式，沐浴用水量通过热水器液位、自来水表共同计量，如果自来水表有其他用水设备，沐浴期间停止其他用水活动。监测期间在淋浴房间地板上铺设集水槽，门槛较高时可以直接把地漏堵住，保证淋浴期间的排水不会流走，之后通过量测积水深度和面积计算排水体积。同时在房间屋顶和墙壁铺设吸水性较强的毛巾或者其他吸水材料，比较淋浴前后的重量，重量差认为是淋浴器件产生的水耗散量。

冲厕水耗散监测是通过男士小便池冲水，并在下端接水，差值为耗水水量。对于大便池和冲水马桶根据表面面积换算得到。对于冲厕用水中消耗在粪便和其他杂物而沉淀在化粪池的水则通过调查统计数据进行折算。

洗衣的耗水监测选择传统手洗和全自动洗衣机两种方式，结合问卷调查统计结果，选择不同材质不同季节不同功能的衣服进行洗涤，通过对比晾晒前和收衣服时的重量差来获取洗衣水耗散量，除以洗衣服用水量得到洗衣服耗水比例的取值区间。考虑到城市洗衣机的普及率较高，一线城市的普及率接近100%，因此对于单元尺度或者城市尺度的洗衣耗水计算，可以结合国家标准规范进行计算。《家用电动洗衣机》（GB/T 4288-2003）中给出了波轮式洗衣机的浴比（波轮式洗衣机用水量与额定洗涤容量之比）的取值范围，洗涤容量在 1.2~2.2kg 时，浴比是 15~20；洗涤容量是 3~5kg 时，浴比是 10~15，洗涤容量是 6~8kg 时，浴比是 7~10。同时也给出了不同转速下衣服的含水率，比如对于5kg 容量的洗衣机，转速在每分钟 500~1000 时，含水率在 140%~67%。根据洗衣服耗水量的定义及机理，近似认为湿衣服的含水量就是洗衣服过程中的水汽耗散量。因此将洗衣机的容量记为 C，浴比记为 $Л$，含水率记为 $κ$，则洗衣机的水耗散比例为

$$Cκ/CЛ = κ/Л \qquad (3\text{-}2)$$

人体饮用水产生的水消耗和水耗散主要参考相关的专业学科研究论文成果，结合称重试验确定。对于建筑物内部清洁耗水（主要是地面、桌面、玻璃等清洗擦拭而产生的水汽耗散），通过称重拖把、抹布等重量变化获取单位面积的耗水强度，结合清洗频次的数据和建筑物总的用水量，获得总的耗水比例。对于其他耗水方式的耗水比例统计根据相关文献的研究成果、调查统计等确定。

耗水项监测选在北京市海淀区晾果厂小区某住户，知春东里小区某住户，中国水利水电科学研究院大厦 A 座 9 层、D 座东侧副楼进行。监测对象是居民住宅楼和办公楼，涵盖了盥洗、厨房、沐浴、冲厕、洗衣 5 种主要耗水项以及饮用、清洗以及其他的耗水项。监测过程中，住宅楼内进行盥洗、厨房、淋浴、冲厕、洗衣 5 种耗水项的耗水比例测定，办公楼内进行冲厕、地面湿润的耗水监测。本研究中假设同一耗水项在不同功能的建筑物中的耗水比例相同，因此通过典型住宅楼和办公楼内的耗水项试验监测，结合相关的标准规范以及文献研究结果，综合确定建筑物典型耗水项的耗水比例（表 3-2），其中冲厕和洗衣的耗水比例范围结合相关的标准规范确定。

表 3-2　建筑物典型耗水项的耗水比例　　　　　　（单位:%）

耗水项	耗水比例范围	其中水耗散的比例范围
盥洗	0.68 ~ 1.78	0.68 ~ 1.78
厨房	29.30 ~ 54.40	13.70 ~ 23.80
沐浴	3.92 ~ 6.46	3.92 ~ 6.46
冲厕	4.45 ~ 9.27	0.28 ~ 1.07
洗衣	4.47 ~ 14.00	4.47 ~ 14.00

注：表中结果是根据选择的典型建筑物试验监测结果、标准规范和相关文献资料综合确定得出，仅用于本书研究，用来表征建筑物主要耗水项的耗水特征。

3.2　城市建筑物内部耗水计算研究

基于第 2 章 2.3 节中关于建筑物内部耗水机理的解析和 3.1 节关于建筑物耗水的试验研究，以水量平衡为基本理论，以统计学为基本方法，探究建筑物内部

耗水计算问题。建筑物内部用水的行为主体是人，产生耗水的主要驱动力也是人，而人类在建筑物内部的用水以及耗水活动的方式或者途径是相对固定的。因此，在建筑物内部耗水机理分析和耗水项监测的基础上，针对微观尺度的具体建筑物、单元尺度的一类或一群建筑物、城市尺度的不同功能的建筑物群分别建立耗水计算模型。

3.2.1 建筑物内部耗水计算模型

通过3.1节建筑物内部耗水的试验研究，相同区域的建筑物耗水主要由内部用水者的用水活动决定，因此选择人数或者用水人次作为参数研究建筑物内部耗水具有重要意义。同时，建筑物内部也存在以建筑面积为基本参数的耗水活动，比如地面湿润、窗户玻璃或者墙面的清洁等活动，这些耗水活动受建筑物面积大小的影响。由此可以认为建筑物内部用水人数和建筑面积是两个重要的参数。对于建筑物而言，内部用水、耗水活动的周期是天，这是根据人类的生活、工作周期而确定的。如此，日复一日，年复一年，人类在建筑物内部不断重复这些耗水活动，产生建筑物内部耗水。对于一座建筑物，其一天的耗水量等于各耗水项的用水人次乘以对应的耗水定额，外加建筑物内部的地面、玻璃等清洁擦洗等耗散的水量。由于玻璃、墙面等不是每天都清洗，因此在日耗水模型中仅考虑地面湿润耗水。在微观层面，针对具体建筑物，采用耗水定额法计算日耗水量：

$$B_D^d = \sum_{i=1}^{n} N_i \times D_i + \delta \times A_G \times D_f / 1000 \tag{3-3}$$

式中，B_D^d 是建筑物的日耗水量，m^3；i 是耗水类型；N_i 是耗水项 i 的日用水人次；D_i 是耗水项 i 的耗水定额，m^3；A_G 是建筑物的建筑面积，m^2；δ 是建筑物湿润地面的比例；D_f 是地面湿润的耗水定额，mm。

基于式（3-3）计算监测的典型住宅楼和办公楼的耗水量，通过模型计算得出的耗水量，计算得到排水系数，并与监测的排水系数进行比较，结果见图3-14。从图中展示结果来看，住宅楼的模拟计算结果明显优于办公楼，分析其原因主要是由于住宅楼内部的人员相对稳定，用水耗水活动相对稳定，办公楼内部的人流量较大，不同时间段的用水活动差别较大，因此模拟计算结果较为不稳定，但从整体来看，模型模拟得出的排水系数围绕平均值上下浮动，与监测结果相近，这也说明了建筑物耗水计算模型的合理性。

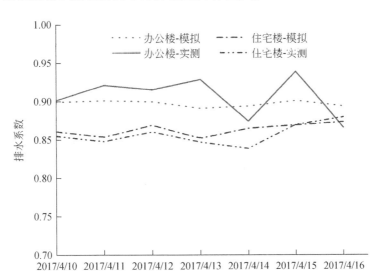

图 3-14　典型建筑物的实测与模拟排水系数比较

　　根据建筑物内部耗水机理及观测结果，可以认为相同功能的建筑物具有相同的耗水特征。对于月时间尺度、年时间尺度或者更长时间尺度，可以认为每人每天或者每次的耗水量是相同的。对于玻璃、墙面等清洗工作产生的水耗散，根据清洗次数和每次清洗耗水量来计算。在单元层面，对于特定功能的建筑物，其年耗水量的计算如下：

$$B_D^y = 365 \times (\delta \times A_G \times D_f / 1000 + P_N \times I_P) + n \times D_c \tag{3-4}$$

式中，B_D^y 是某类功能建筑物或某个建筑物的年耗水量，m^3；P_N 是日用水人次；I_P 是人均每天耗水定额，m^3；n 是该类建筑物内清洁工作的次数；D_c 是每次清洁的耗水量，m^3。其他符号的含义如式（3-3）。

　　对于城市尺度的建筑物耗水计算，很难用式（3-3）的定额法进行计算，因为该方法涉及的参数在城市层面的建筑物中无法获取。对于特定功能的建筑物还可以用式（3-4）进行计算，但是也存在参数获取困难的问题。因此计算城市层面的建筑物耗水，由于数据的限制，定额法不再适用，需要对建筑物耗水计算模型进行概化和改进。

$$p_{BWD} = \sum_{i=1}^{n} W_i \times D_i + \sum_{j=1}^{k} p_j \tag{3-5}$$

式中，p_{BWD} 是建筑物耗水率；W_i 是第 i 种用水项的比例；D_i 是第 i 种用水项的耗水比例；p_j 是第 j 种耗水率。本书研究中 n 取 5，i 分别代表盥洗、厨房、淋浴、冲厕、洗衣这 5 种耗水项；k 取 3，j 分别代表饮用、清洁、其他。

《建筑给水排水工程》给出了城市典型类型建筑物的分项给水百分比，主要建筑物类型包括住宅、宾馆、办公楼、教学楼、公共浴室、餐饮建筑，主要的给水项有冲厕、厨房、沐浴、盥洗、洗衣。在 3.1.4 小节中对建筑物中典型耗水项进行了监测，测定了各耗水项的耗水比例取值区间，见表 3-2。由此可以建立建筑物耗水比例计算模型，并结合以上资料计算城市典型功能建筑物的耗水比例取值范围，见表 3-3。

表 3-3　典型功能建筑物的耗水比例及水耗散比例　　　（单位：%）

建筑物类型	耗水比例范围	其中水耗散的比例范围
住宅	11.53 ~ 20.53	6.53 ~ 11.69
宾馆	8.46 ~ 15.20	4.93 ~ 9.24
办公楼	6.06 ~ 10.50	2.41 ~ 3.33
教学楼	6.56 ~ 10.00	2.91 ~ 3.83
公共浴室	4.87 ~ 7.45	4.75 ~ 7.20
餐饮建筑	28.81 ~ 52.69	13.89 ~ 23.44

注：表中结果是典型建筑物分项给水比例和表 3-2 中耗水项比例综合确定得出，仅用于本书研究，用来表征建筑物耗水特征。

《建筑给水排水设计规范》（GB 50015—2013）指出住宅小区的生活排水系统排水定额应设置为其对应的生活给水系统用水定额的 85% ~ 95%。《建筑给水排水工程》（第七版）教材中指出建筑物按给水量计算排水量的折减系数，一般取 0.8 ~ 0.9。这些规范和标准中笼统给出了建筑物的排水系数，并且排水系数在 0.8 ~ 0.95，说明剩余的 5% ~ 20% 的水量被消耗掉。从表 3-3 的结果来看，城市不同功能建筑物的耗水比例差别较大，整体变化范围在 4.87% ~ 52.69%，表面来看，这与规范中给定的排水系数所计算的 5% ~ 20% 有较大的差别，但是进一步分析，表 3-3 中除去餐饮建筑，其他建筑物的耗水比例基本都分布在 5% ~ 20% 这个区间，这也说明本研究结果的合理性，同时也说明分类考虑建筑物耗水系数的必要性以及针对不同建筑物开展内部耗水研究具有重要意义。

《建筑给水排水设计规范》（GB 50015—2003）给出了住宅（包括普通住宅和别墅）、宿舍、旅馆和公共建筑等共计 25 种城市民用建筑（50 个二级分类）

的生活用水定额，这些建筑物类型几乎涵盖了城市中的民用建筑类型，同时这些建筑物的耗水也可以代表城市中除工业生产建筑内部耗水的其他建筑物内部耗水。本书研究将规范中 25 种建筑物归总到表 3-3 中的 6 种建筑物类别，基于表 3-3 中的耗水比例和规范中的用水定额，计算得到 42 种二级分类建筑物的人均每天耗水定额，见图 3-15。图中Ⅰ、Ⅱ、Ⅲ、Ⅳ分别代表不同级别的洗漱设备，Ⅳ级洗漱设备配置最高，以招待所为例，Ⅰ级设公用盥洗室，Ⅱ级设公用盥洗室、淋浴室，Ⅲ级设公用盥洗室、淋浴室、洗衣室，Ⅳ级设单独卫生间、公用洗衣室，其他类型建筑类似。从图中结果来看，住宅楼、招待所、宾馆、酒店式公寓、医院病房、疗养院、餐厅这几种建筑物的人均每天耗水定额较高，图书馆、书店、商场、会展中心等公共场所的建筑物人均耗水强度很低，主要是因为人员流动性较大，人均用水量低，同时这些建筑物的耗水比例也低。图 3-15 的结果可以为城市土地规划和供排水管网设计提供一定的数据支撑。

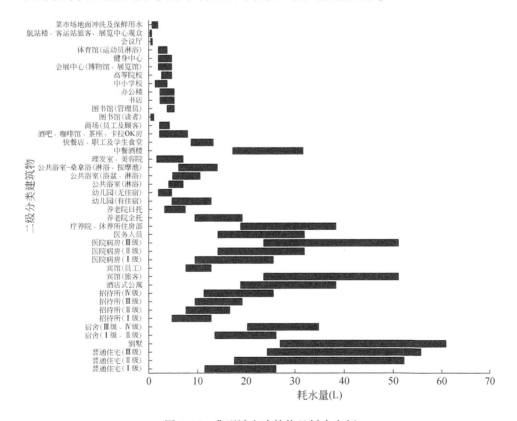

图 3-15　典型城市建筑物日耗水定额

3.2.2　建筑物内部水汽耗散计算

人类在建筑物内部的用水活动中会产生水汽耗散，这部分耗散的水汽是建筑物耗水的重要部分，也是建筑物内部耗水的水文效应的体现，因为耗散的水汽进入空气参与水循环。在关闭门窗，避免室内外空气流通交换的情况下，建筑物内部耗散的水汽通过室内的空气湿度来体现。建筑物是一个相对封闭的区域，因此可以通过固定容积下绝对湿度的变化来计量室内水汽的增量。室内水汽耗散量计算可以表达如下：

$$m_v = \rho_v \times V \tag{3-6}$$

式中，m_v 是室内水汽的质量，g；ρ_v 是水汽的密度，g/m^3；V 是建筑物内部的容积，m^3。其中：

$$\rho_v = \frac{0.622e}{R_d T} \tag{3-7}$$

式中，$0.622 = (18.016/28.966)$ 是水汽分子量与干空气分子量之比。e 是实际水汽压力，Pa；R_d 是干空气气体常数，287.04J/(kg·℃)；T 是绝对温度，K，$T = 273 + t$（t 是室内温度，℃）。其中：

$$e = RH \times e_s \tag{3-8}$$

式中，e_s 是饱和水汽压力，Pa。

$$e_s = 6.11 \times 10^{at/(t+b)} \tag{3-9}$$

式中，t 是摄氏温度表示的温度；a，b 是常数，本研究中 $a = 9.5$，$b = 265.5$。

由式（3-6）~式（3-9）可以得到：

$$m_v = 3.8 \times 10^{\frac{at}{t+b}} \times \frac{V \times RH}{R_d \times T} \tag{3-10}$$

在3.1.2小节中，对建筑物内部温度、湿度进行了监测，其中针对住宅楼的三个房间（卫生间、厨房、卧室）的温度和湿度分别进行了监测，基于监测数据和式（3-10）分别计算了三个房间对该住户室内水汽的贡献率，图3-16展示了三个房间的水汽贡献率，其中卫生间的水汽贡献率最大，高于厨房和卧室的水汽贡献率。

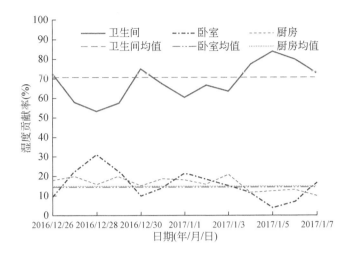

图 3-16　住宅楼内卫生间、厨房、卧室的水汽贡献率

3.2.3　人均生活耗水量计算

城市居民生活用水量是城市用水量的重要组成部分，2015 年我国省会城市的居民生活用水量在城市用水量中的占比范围是 18.54%~56.76%，这部分用水量基本都发生在建筑物内部，由此可见居民生活用水量和建筑物内部用水量对城市水循环的重要作用。人是建筑物内部用水、耗水的驱动者，直接影响了决定了建筑物内部的用水、耗水过程及水量。对于一个人，不论是在家休息、工作，还是在餐厅就餐、商场购物或者其他场所休闲娱乐，每天的生活用水量及用水结构是相对稳定的。因此计算人均生活耗水定额或者耗水量具有重要科学意义。表 3-4 给出了不同研究人员和规范研究得出的城市人均日生活用水分项比例。

表 3-4　城市人均日生活用水分项比例　　　　　（单位:%）

来源	厨房	沐浴	冲厕	洗衣	清洁	盥洗	其他	饮用
褚俊英等（2007）	—	33.3	10.0	33.3	—	—	25.4	—
Friedman（2012）	5.0	30.0	45.0	20.0	—	—	—	—
潘文祥（2017）	15.6	26.7	18.0	25.6	8.8	—	5.3	—
规范（拘谨型）	24.8	25.3	34.8	8.4	2.3	—	2.3	2.1

来源	厨房	沐浴	冲厕	洗衣	清洁	盥洗	其他	饮用
规范（节约型）	23.0	29.7	32.1	7.8	2.8	—	2.8	1.8
规范（一般型）	21.5	28.8	29.1	6.8	5.8	—	5.8	2.2
本书	20.0	28.0	30.0	9.0	4.0	5.0	2.0	2.0

基于人均用水量结构中的分项用水比例和各项耗水比例，可以计算人均生活耗水量：

$$L_P = \sum_{l=1}^{m} L_C \times C_l \times d_l \tag{3-11}$$

式中，L_P 是人均日生活耗水量，L/d；L_C 是人均日生活用水量，L/d；C_l 是 l 项用水比例；d_l 是 l 项耗水比例；m 是总耗水项。

3.3　城市生活用水指标计算模型

在城市区域，生活用水基本发生在建筑物内部，建筑物内部的耗水与建筑物内部用水紧密相关，在 3.2 节建立的城市耗水计算模型中，建筑物内部用水量是重要的参数，为此有必要对建筑物内部用水计算开展研究。

城市生活用水指标计算模型是确定一个城市特定经济发展阶段居民合理用水指标的工具，是进行城市供水规划、开展节水型社会建设的重要依据。以往对生活用水的预测模型有分项预测法、区间 S-模型、多元线性回归模型、ARIMA 模型等。这些模型主要反映了经济发展水平对居民生活用水量的影响，没有体现气候差异的影响。本书研究建立的城市生活用水指标计算模型涉及气候因子、经济发展因子，其中，考虑气候因子的洗澡、洗衣用水随气温变化的计算公式：

$$W_{Bath} + W_{Laundary} = \frac{T_{hot}}{365}(B + L) + \frac{1}{n}\left(1 - \frac{T_{hot}}{365}\right)(B + L) \tag{3-12}$$

式中，W_{Bath} 为人均洗澡用水量，m^3；$W_{Laundary}$ 为人均洗衣用水量，m^3；T_{hot} 为当地一年中气温≥25℃的天数；B 为一次洗澡的用水量，m^3；L 为一次洗衣的用水量，m^3。B 和 L 随着经济发展水平变化，是人均 GDP 的函数。

构建人均生活用水指标随人均 GDP 变化函数：

$$f(x) = \frac{1}{2} + \frac{1}{\pi}\tan^{-1}\left(\frac{x-3}{\alpha}\right) \tag{3-13}$$

式中，x 为自变量，代表人均 GDP，万元/（人·年）；$f(x) \in (0, 1)$，代表了不同经济发展水平下，城市人均生活用水的变异系数；α 是常量，是一个伸缩系数，α 越大，表示人均生活用水随人均 GDP 的变化越缓慢，反之亦然。

刘已开展节水型社会建设的试点城市，还分析了节水意识的影响。考虑到节水水平因子 λ 直接计算困难，在实际应用中，用现状用水定额除以没考虑节水的理论用水定额来反算因子 λ 值。按照上述方法计算的 λ 值越小，说明节水潜力越小，节水水平越高，反之亦然。建立人均生活用水定额 W_L 的计算公式：

$$W_L = 70 + \left[\frac{T_{hot}}{365} + \frac{1}{n}\left(1 - \frac{T_{hot}}{365}\right) \right] \times \left[BL_0 + \left(\frac{1}{2} + \frac{1}{\pi}\tan^{-1}\left(\frac{x-3}{\alpha}\right) \right) \times \Delta BL \right] \quad (3\text{-}14)$$

基于我国南北不同气候带、不同经济发展水平的 12 个城镇的人均 GDP、气温、现状用水定额等数据，采用分组寻优的办法，率定了 BL_0、ΔBL、α、n 等 4 个主要参数的数值（表 3-5），率定结果显示，$BL_0 = 70$、$\Delta BL = 100$、$\alpha = 3$、$n = 5$ 是五组参数中最佳的参数组合，率定模型的计算值与调研值符合较好，平均相对误差为 6.5%（图 3-17），基本满足用水定额计算的需要。

表 3-5　调研的 12 个城镇的人均 GDP、气温、现状用水定额数据及模型率定结果

调研城镇	人均 GDP（元）	气温≥25℃的天数（d/a）	现状用水定额（L/d）	不同参数组合下模型计算的理论用水定额（L/d）				
				$BL_0 = 80$ $\Delta BL = 120$ $\alpha = 2$ $n = 5$	$BL_0 = 70$ $\Delta BL = 100$ $\alpha = 2$ $n = 5$	$BL_0 = 70$ $\Delta BL = 100$ $\alpha = 3$ $n = 5$	$BL_0 = 70$ $\Delta BL = 100$ $\alpha = 4$ $n = 3$	$BL_0 = 80$ $\Delta BL = 120$ $\alpha = 4$ $n = 5$
河北承德平泉县	5298 [*]	112	90	85	84	93	105	103
江西省会昌县	5840 [*]	201	110	92	91	103	116	118
重庆开县汉丰区	6856 [*]	138	100	89	87	97	110	109
四川南充仪陇县	8953 [*]	115	111	89	88	97	109	107
安徽阜阳	9497 [*]	145	100	93	91	101	113	113
湖南永州冷水滩区	13153 [†]	175	120	103	99	110	122	124
浙江舟山普陀区	32570 [†]	138	140	148	137	135	144	144
浙江慈溪	47964 [†]	150	173	190	172	162	169	171
武汉	56367 [†]	148	170	201	181	171	178	180
上海	73297 [†]	133	155	206	185	176	187	187

调研城镇	人均GDP（元）	气温≥25℃的天数（d/a）	现状用水定额（L/d）	不同参数组合下模型计算的理论用水定额（L/d）				
				$BL_0=80$ $\Delta BL=120$ $\alpha=2$ $n=5$	$BL_0=70$ $\Delta BL=100$ $\alpha=2$ $n=5$	$BL_0=70$ $\Delta BL=100$ $\alpha=3$ $n=5$	$BL_0=70$ $\Delta BL=100$ $\alpha=4$ $n=3$	$BL_0=80$ $\Delta BL=120$ $\alpha=4$ $n=5$
广州	83495[†]	228	225	270	239	228	230	246
苏州	87607[†]	132	180	211	189	182	194	195
残差的方均根值	—	—	—	26	16	9	12	14
平均相对误差				18.8%	11.3%	6.5%	8.9%	10.0%

* 代表 2007 年城镇人均可支配收入，摘自当地政府工作报告；† 代表 2010 年城市人均 GDP，来自百度文库 http://wenku. baidu. com/view/af3043da7f1922791688e82a. html。

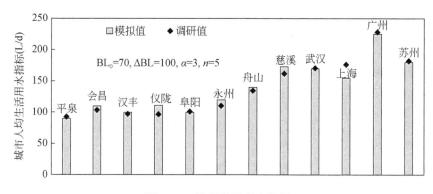

图 3-17　模型参数率定结果

　　率定的模型通过了全国 31 个省级行政中心①用水指标的计算检验（表 3-6），计算结果和调研值的差别在 10% 以内的城市占 55%，其余的 45% 中，有 32% 是现状用水定额高于模拟值，13% 是现状用水定额低于模拟值（图 3-18）。检验结果显示，该模型能够较好地反映不同气候背景下、不同经济发展阶段的城市生活用水差异性，可以作为城市生活用水指标的计算工具。模型虽然在与现实的拟合程度上并不完美，但是调研值和模拟值的比例因子 γ（节水因子）揭示了城市的节水水平和节水潜力，可以作为节水型社会建设进一步推进的依据和考核的指标。

----

　　① 暂不包括港、澳、台数据。

表 3-6　全国 31 个省级行政中心的人均 GDP、气温、现状用水定额数据及模型验证结果

城市	2010 年人均GDP（元）	气温≥25℃的天数（d/a）	现状用水定额（L/d）	理论模拟值（L/d）	节水因子 $\gamma = \dfrac{现状用水定额}{理论模拟值}$
石家庄	33462	131	120	134	0.90
太原	42318	105	140	138	1.01
沈阳	61891	98	150	154	0.98
长春	43363	83	130	132	0.99
哈尔滨	34467	86	120	122	0.98
济南	57394	127	140	163	0.86
南京	62593	132	180	169	1.06
杭州	68340	141	180	177	1.02
合肥	47396	146	160	160	1.00
福州	43121	176	180	164	1.09
南昌	43770	153	210	157	1.34
郑州	46402	127	150	151	0.99
长沙	64551	150	160	179	0.90
广州	83495	228	210	228	0.92
海口	28861	235	220	153	1.44
成都	39518	130	160	143	1.12
贵阳	25941	107	140	116	1.20
昆明	32965	65	150	114	1.31
西安	38280	117	140	137	1.02
兰州	30430	99	140	121	1.16
西宁	28446	45	125	104	1.20
南宁	27027	212	220	143	1.54
呼和浩特	65084	97	150	155	0.97
拉萨	31981	12	90	99	0.91
银川	38295	100	140	132	1.06
乌鲁木齐	42151	94	100	134	0.74

续表

城市	2010 年人均GDP（元）	气温≥25℃的天数（d/a）	现状用水定额（L/d）	理论模拟值（L/d）	节水因子 $\gamma = \dfrac{现状用水定额}{理论模拟值}$
北京	70253	131	120	174	0.69
天津	70403	131	120	174	0.69
重庆	27367	139	220	126	1.74
深圳	91823	232	250	234	1.07
三亚	33672	325	233	191	1.22

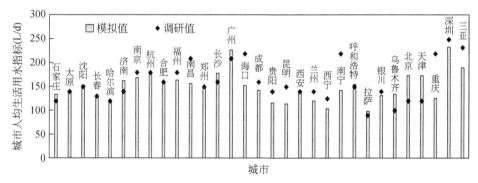

图 3-18　模型验证时的模拟值和调研值对比

3.4　本章小结

本章针对城市建筑物内部耗水问题开展研究，主要采用试验监测、模型模拟、统计分析等方法，对城市区域的建筑物开展微观、单元、城市层面的耗水计算。

（1）首先选取典型功能的建筑物开展监测研究，主要监测建筑物的用水、排水、用水人次、温度、湿度变化过程，分析其相关关系。根据建筑物功能划分，建立不同类型建筑物与内部耗水项的关系，通过试验监测不同类型耗水项的耗水过程，测定相关参数。

（2）基于测定的结果，结合第 2 章 2.3 节中建筑物内部耗水机理，针对微观层面的具体建筑物、单元层面以及城市尺度的大样本多功能建筑物，分别建立了基于耗水定额法和耗水比例法的建筑物内部耗水计算模型。同时为进一步分析建

筑物耗水的城市水文效应，建立了建筑物内部水耗散计算模型。为研究居民生活
用水产生的耗水量，建立人均居民生活耗水量计算模型。

（3）建立了城市生活用水指标计算模型，基于我国南北不同气候带、不同
经济发展水平的 12 个城市的人均 GDP、气温、现状用水定额等数据，采用分组
寻优的办法，率定了 4 个主要参数的数值。率定的模型通过了全国 31 个省级行
政中心用水指标的计算检验。

第 4 章　城市露天耗水研究

根据第 2 章中城市耗水的定义及分析框架，城市的耗水分为建筑物内部耗水和露天耗水，在本书研究中近似认为露天耗水等于地表蒸散发。根据城市下垫面特征及城市耗水机理，将城市地表划分成建筑物、硬化地面、绿地、裸土和水面五类耗水类型。城市地表蒸散发是指发生在这五类耗水类型地表的蒸散发。由于是露天环境，城市地表蒸散发受气象因素影响明显，降水是主要的来水水源，对于部分城市硬化道路会进行人工洒水，对于城市绿地会进行人工供水灌溉，这些因素在地表蒸散发研究中应该予以考虑。城市硬化地面分为不透水硬化地面和透水硬化地面，不透水硬化地面主要有沥青地面、水泥地面、铺砖地面、混凝土地面等，透水硬化地面包括透水混凝土地面、透水沥青地面、透铺砖地面等。城市绿地包括乔木、灌木和草坪，其中道路两侧的乔木通常没有在城市绿地面积中体现，而是通过城市绿化覆盖率来体现。因此在城市存在地面是硬化地面，空中是乔木覆盖的区域，同时不同硬化地面的截留雨水特征不同，比如透水硬化地面会产生降雨入渗现象，雨后也会有来自透水混凝土下方土壤的蒸发，因此在城市地表蒸散发研究中应该充分考虑城市下垫面的异质性和各自的蒸散发特征，区别对待。

4.1　城市硬化地面蒸散发的试验研究

城市硬化地面包括透水硬化地面和不透水硬化地面两种，其中不透水地面阻断了地表雨水或者人工洒水的入渗，同时隔断了下层土壤水分的蒸发，属于典型的水量约束蒸发，属于雨后蒸发，蒸发具有明显的间断性。透水硬化地面具有渗透雨水的能力，也可以传输下层土壤水分的蒸发量。为研究不透水和透水下垫面的蒸散发特性，测定相关参数，开展了原型和模型试验监测，试验地点选在北京。

4.1.1　城市不透水硬化地面截留雨水试验监测

　　截留雨水深度的试验方法是人工洒水条件下的地面截留能力测定，首先选择干净、平整的不透水硬化地面作为监测对象，然后放置 0.5m×0.5m 的矩形有机玻璃无底水箱，调整位置和方向，确保四周与地面无明显空隙，然后利用小孔径花洒在矩形槽范围内均匀洒水，直到某个位置发生径流时停止洒水，同时要求停止洒水后也没有径流流出，最后通过称重方式计量洒水的水量，试验电子称的精度为 1g（在试验范围内的精度是 0.004mm①，满足试验结果 0.01mm 的精度要求），最大量程为 5kg。试验布局及监测设备见图 4-1。若将不透水地面截留雨水深度记为 H，单位是 mm，则根据上述方法测得的截留雨水深度计算：

$$H = \frac{m}{250②}$$

（4-1）

式中，m 是降水区域临界产流时的洒水量，g。

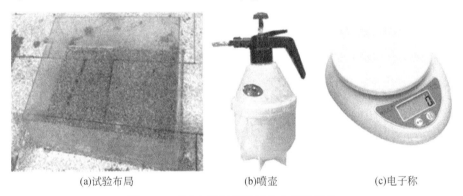

(a)试验布局　　　　　(b)喷壶　　　　　(c)电子称

图 4-1　不透水地面截留试验布局及设备

　　在城市，不透水硬化地面的种类较多，常见的有水泥地面、混凝土地面、沥青地面、铺砖地面，其中铺砖地面因砖的材质和缝隙比例不同而呈现不同的特征，由此可以看出城市不透水硬化地面的种类较多，异质性较高。本书研究中选择城市最常用的沥青地面、水泥地面、混凝土地面和铺砖地面作为不透水硬化地

---

①　1g 水在 0.25m² 上形成的水深为 0.004mm。

②　1g 水在 0.25m² 上形成的水深为 $\frac{1}{250}$mm，式中 250 为量纲转换。

面的试验监测对象，其中铺砖地面选择率2%、4%、6%三种缝隙比，开展原型观测试验，主要测定不同硬化地面的平均截留雨水深度和降雨产流特征。部分试验照片见图4-2。

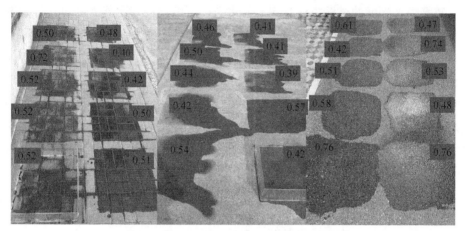

图 4-2 典型不透水硬化地面降雨截流试验图

图中数字是喷洒的平均深度，单位是 mm

考虑到试验的人为判断因素，要求有效试验次数大于等于10次。六种地面的有效试验数据的最小值、最大值和均值见图4-3。从图中结果来看，在一定范围内，不透水铺砖地面的截水深度随着缝隙率增大而升高。沥青地面的截留雨水深度略高于水泥和混凝土地面。所监测的六种不透水地面的最大截水深度小于1mm。

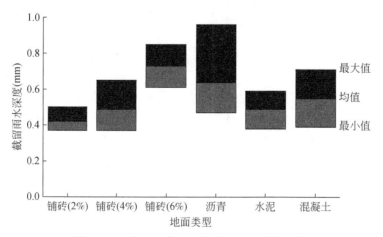

图 4-3 六种不透水地面的截留雨水深度分布

不透水硬化地面的耗水不仅仅是截留雨水的蒸散发，还包括降雨过程和产流过程中的其他损失，而这部分水量无法直接观测，因此需要通过降雨产汇流系数来计算。在传统的城市水文计算中，产汇流系数大多是参考《室外排水设计规范》（GB 50014–2006）中提供的参考数值（Wolfle，1939）。也有学者针对不同下垫面的产汇流系数开展了试验研究，其中下垫面包括屋面防水材料（SBS）、不透水砖、水泥地面、透水砖、草地等，主要的降雨方式是人工降雨模拟装置，主要的试验场所是降雨大厅，试验的下垫面是人工加工的地表结构（梁于婷，2014）。这些试验发生在室内，因此没有考虑室内外温度、风速等气象要素差异造成的蒸散发的损失。刘慧娟等（2015）的试验将降雨设备放置在室外进行，但是下垫面还是人为加工的。陈建刚等（2007）进行了小区尺度的原型降雨产汇流观测，测得屋顶的产汇流系数取值为 0.02 ~ 0.86，道路系统的综合径流系数为0.00 ~ 0.26。从上述文献研究结果来看，关于硬化地面的产汇流研究虽然已经有一定的代表性成果，但是仍然缺乏充分考虑不透水类型异质性的原型地面产汇流观测。

本书研究中针对在原型硬化地面上开展降雨产流试验设计出一种可移动式模拟降雨器，降雨器由水源、输水管、压力表、多功能流量计、水表、阀门和降雨排管等部件组成，见图 4-4。图中的尺寸单位是 mm，其中降雨排管主要包含：90 度弯头 4 个，内径为 25mm；T 型三通 25 个，内径为 25mm；四通 1 个，内径为 25mm；有机玻璃管内径为 20mm，长度为 1032mm 共计 15 根。要求在有机玻璃管底部钻孔，孔口直径 2mm，孔口中心距 20mm。

从图 4-4 可以看出本研究设计出的降雨器是由带小孔的一排环路有机玻璃管组成，降雨器的降雨范围是 1m×1m，在试验过程中需要支架将其固定安装在研究区域上空，然后连同输水管以及其他部件进行工作。本书研究选择不透水砖地面（缝隙比 4%）、沥青地面、不透水砖人行道进行人工降雨产流模型试验和降雨原型观测试验，测定降雨过程典型不透水地面的产流系数变化特征。试验设备安装及运行的现场照片见图 4-5。试验中选用多功能流量计进行输水流量和水量的控制，以控制降雨强度和降雨量。多功能流量计由电源、定量控制仪、流量计、电磁阀组成。总流量的测定范围是 0.1 ~ 9999L，瞬时流量的精度是 0.1LPM，具体到降雨强度就是 0.1mm/min，可以满足降雨强度的精度要求。为了验证流量计的准确性，在试验中增加传统水表的计量作为对比，同时在夏季雨天开展原型观测试验，有机玻璃水箱四个边与地板之间通过一种速溶速凝的水泥填充，隔绝水箱内

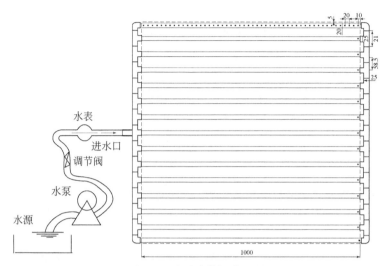

图 4-4　移动式模拟降雨器

图 4-5　典型不透水地面产流试验监测

外的降雨径流交换，在底部留一个排水孔，外接量水箱进行产流量测量。

基于不透水地面的产流试验监测可以得出不透水地面的产流系数：

$$\psi = 1 - \frac{\int_0^t (I(t) + E(t))}{\int_0^t p(t)} \qquad (t>0) \qquad (4\text{-}2)$$

式中，ψ 是产流系数；t 是降雨时间；$I(t)$ 为截留雨水强度密度函数；$E(t)$ 为雨间蒸散发密度函数；$p(t)$ 为降雨密度函数。

4.1.2 城市透水混凝土地面降雨入渗和蒸发试验监测

透水地面是指具有一定的透水能力硬化地面，下层的土壤水分可以通过硬化层孔隙进入空气。在主要的三种透水地面（透水混凝土、透水沥青和透水砖铺装）中，透水混凝土的成本相对较低，在城市使用率较高，特别是在我国海绵城市试点城市建设过程中使用率较高。透水砖铺装的透水性能受到透水砖的孔隙率、材质及铺设的缝隙比等因素影响较大，而且就目前来看缺乏统一的标准规范。因此本研究选择使用率较高的透水混凝土开展试验研究，由于透水混凝土的透水性能，入渗的雨水会发生侧向流动，地表降水面积和地下入渗产流面积无法对应，因此本研究的降雨器无法在透水混凝土地面开展原型试验。

本研究制作了 0.5m×0.5m 的有机玻璃水箱，根据《城市道路——透水人行道铺设》（16MR2004）标准图集设置试验模型路面，请专业的施工人员进行填筑，试验模型见图 4-6。从图中看出，将矩形水箱安放在带有万向轮的钢架上，方便试验模型移动。由于试验面积是 0.25m²，降雨器的面积是 1m²，降雨期间通过橡皮泥和玻璃胶带将水箱外侧的孔隙进行封装，确保降雨器的雨水全部滴落在水箱内部。

本研究选用美国 HOBO 系列产品进行土壤水分、混凝土水分、土壤温度的数据监测和采集工作，具体包括：HOBO H21-USB 数据采集器、HOBO S-SMC-M005 土壤水分传感器、HOBO S-TMB-M006 土壤温度传感器。这些设备的配置和优点在于：数据采集器通过 5 号碱性干电池供电，自带的外壳防风雨，有 5 个传感器接口，采样时间间隔 1s～18h，USB 数据下载，兼容 HOBOware 和 HOBOware Pro 软件，可以设置、绘图和分析数据，体积小，便于安装部署。S-SMC-M005 土壤水分传感器的体积含水量量程是 0～0.550m³/m³，精度范围是 ±0.031 m³/m³

透水水泥混凝土厚15cm

级配碎石厚18cm

土壤E≥10MPa厚25cm

图 4-6　透水混凝土人工降雨试验模型

（±3.1%），分辨率是 0.0007 m^3/m^3（0.07%），有效土壤体积是 0.3L。HOBO S-TMB-M006 土壤温度传感器的量程范围是 −40～100℃，精度是±0.2℃（0～50℃时），分辨率是 0.03℃，响应时间<30s（90%，流动水体中）、<3min（90%，1m/s 空气中）。以上技术参数符合本研究试验条件和内容要求，因此选用以上设备开展降雨过程中的混凝土水分、土壤水分和温度的变化监测，同时在混凝土表面通过温湿度自记仪记录地表的温度和相对湿度变化。试验通过土壤水分变化来反应降雨过程中的入渗和降雨之后的蒸发特征。为了避免光照对透水混凝土和土壤蒸发的影响，在水箱的东、南、西三面粘贴橘色墙纸进行遮光。试验地点在清华大学新水利馆四楼天台。

　　图 4-7 给出了一场天然降雨（2018 年 4 月 20～22 日）前后表层透水混凝土和底层土壤中的水分变化过程。从观测结果来看，降雨发生时，混凝土中的水分含量迅速升高，土壤中的含水量升高滞后于混凝土。降雨发生后，混凝土中的含水量达到了饱和值 0.48m^3/m^3左右，土壤中的含水量也达到峰值 0.23m^3/m^3。无论降雨前还是降雨后，夜晚时间段，下层土壤和上层混凝土中的水分含量达到峰值，而且土壤含水量的峰值前置于混凝土含水量的峰值。从多日的结果来看，土壤中的含水量呈现波浪式下降。混凝土表面的相对湿度在混凝土中的含水量达到峰值后会达到峰值。这些结果说明透水混凝土下方的土壤中的水分会蒸发，并且经过透水混凝土进入大气。混凝土表面的温度一般会在白天中午或午后达到峰值，土壤中的温度峰值则滞后于混凝土表面温度，可以认为地表吸收的太阳辐射能量会传输到土壤中，夜晚土壤中温度升高，为土壤中的水分蒸发提供动力。

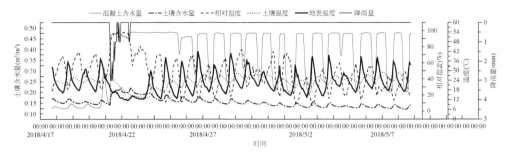

图 4-7　透水混凝土地面降雨前后土壤水分变化特征

为对比分析透水混凝土下方的土壤蒸发特征与裸土情况下的蒸散发差异，试验增设对照组，即将透水混凝土和其下层的填充料用裸土替代，在相同的深度监测土壤水分变化情况，对照组布置见图 4-8。对照组水箱的尺寸与试验组相同。

图 4-8　透水混凝土地面蒸发模型（左：对照组；右：试验组）

图 4-9 展示了对照组与试验组的土壤水分变化，试验监测时间是 2018 年 5 月 9~15 日，期间对照组裸土的水箱进行了两次人工降水，分别是 5 月 11 日和 5 月 13 日，试验组透水混凝土水箱在 5 月 13 日进行了一次人工降水。5 月 13 日的人工降水使透水混凝土表面和裸土表面都出现了积水，确保两个水箱中的土壤含水量和混凝土含水量达到了饱和状态。透水混凝土中的含水量从每日午后开始

上升,直至达到最大含水量,持续到午夜后开始下降。透水混凝土下方的土壤含水量和裸土中的土壤含水量在非降雨期间呈现波动下降,波动体现在日变化过程,即在每天上午开始上升,下午 3 点左右达到峰值,其上升时间先于透水混凝土中的上升时间。降水发生时,土壤含水量快速上升,从降水后的土壤水分变化来看,裸土情况土壤水分降低的速率明显大于透水混凝土下面的土壤水分降低速度,这也说明透水混凝土下面的土壤的蒸发速率和能力小于裸土土壤,分析其原因可能是因为透水混凝土隔断了土壤中的连续水分传输路径,其水分传输收到透水混凝土层水分传输特性的影响。

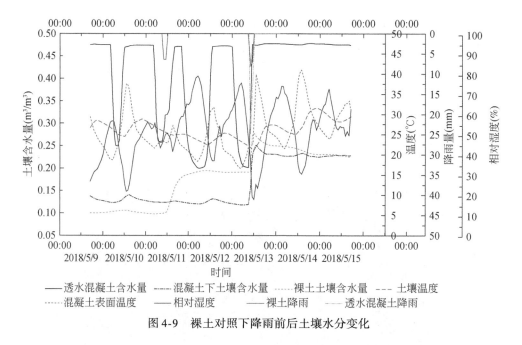

图 4-9　裸土对照下降雨前后土壤水分变化

图 4-10 展示了天然植被下垫面的对照组试验布置图,图中左侧箱体内的植被是自然生长的草本植被,植被覆盖了原来的裸土表面,其他试验装置和布设同图 4-8 中的裸土对照组一致。

图 4-11 给出了天然植被对照下的土壤水分变化过程。试验时间是 2018 年 6 月 26 日~7 月 2 日。从结果来看,透水混凝土中的水分含量和下层土壤的水分含量在白天的午后时刻达到峰值,而且下层土壤水分的峰值前置于上层混凝土水分的峰值,总体来看,两者的土壤水含量呈现波动式下降。对照组天然植被下土壤水含量则平滑下降。试验期间发生一场降雨,降雨总量为 8mm,降雨发生后混

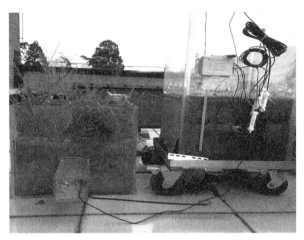

图 4-10　透水混凝土地面蒸发模型（左：天然植被对照组；右：试验组）

凝土及其下层土壤的含水量明显上升，而天然植被下的土壤含水量上升量很小，主要原因是植被截留雨水和根系层的贮水。透水混凝土表面的温度在午后达到峰值，而下层土壤中的温度在午夜达到峰值。

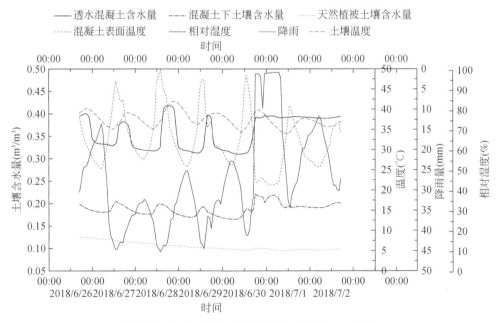

图 4-11　天然植被对照下降雨前后土壤水分变化

图 4-12 展示了试验期间降雨和土壤水分的变化过程，其中对照组经历了由裸土到天然植被的转化，6 月 13 日之前是裸土状态，6 月 13 日~7 月 3 日是植被生长时期，天然植被为草本植物。从监测结果来看，对照组的土壤含水量峰值接近透水混凝土的饱和含水量，对照组土壤含水量下降速度明显快于透水混凝土下层的土壤含水量。对照组中土壤含水量在裸土阶段呈现光滑直线趋势下降，在长出植被之后呈现波浪式趋势下降。对照组在长出植被后，降雨发生后土壤含水量上升相比裸土阶段要迟缓，而且上升幅度较小，主要原因是植被截留和植被根系层贮水。试验组透水混凝土下层土壤的含水量呈现波浪式下降特征。透水混凝土中含水量在下雨期间谷值较高，在非降雨期间谷值较低，几乎接近下层土壤含水量，这说明透水混凝土持水能力较差，非降雨期间的峰值是下层土壤水分蒸发上升导致的暂时性含水量升高。

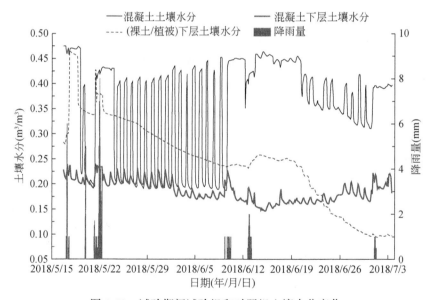

图 4-12   试验期间试验组和对照组土壤水分变化

图 4-13 展示了非降雨期间三种下垫面表面的温度和相对湿度的平均日内变化过程，连续观测时间长度为 10 天，时间为 2018 年 6 月 18~27 日，监测时间步长为 1 小时。从结果来看，三种地面的相对湿度的峰值出现在 4:00~6:00，而温度的峰值出现在 13:00~15:00。相同时间段，透水混凝土表面的相对湿度比裸土表面的相对湿度低 10%~30%，温度则比裸土表面高 0.5~6℃。而有阴凉的

铺装地面的相对湿度和温度与透水混凝土表面的值相近，在夜间峰值的阶段，透水混凝土的相对湿度略高于铺砖表面，而铺砖地面白天谷底的相对湿度高于透水混凝土地面的值。

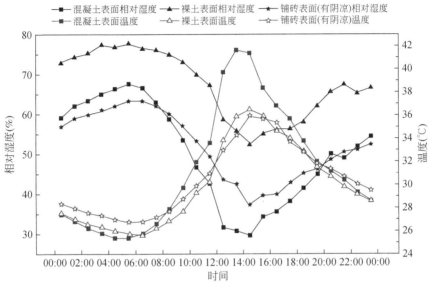

图 4-13   三种地面的温湿度变化特征

4.2   城市硬化地面蒸发计算

4.2.1   城市不透水硬化地面降雨蒸发计算

城市不透水硬化地面的蒸发对象主要是截留雨水，蒸发具有明显的间歇性，属于水量约束蒸散发。可以认为不透水硬化地面的蒸发量取决于截留水的深度。记降雨量为 P，mm；不透水硬化地面现状截留水量的深度记为 S，mm；将不透水表面的持水深度记为 H，mm，则不透水硬化地面的蒸发量 E_i，mm：

$$\begin{cases} E_i = P + S, & P + S < H \\ E_i = H, & P + S \geq H \end{cases} \tag{4-3}$$

通过研究分析可以知道，对于包括建筑屋顶在内的不透水硬化地面，降雨造成的蒸发取决于不透水地面的截留雨水能力，属于水量约束型蒸发，可以认为不透水硬化地面的蒸发量等于截留水量。根据截留雨水蒸发的思想建立的不透水硬化地面的年蒸发量计算式如下：

$$E_H = P_H (1 - \psi)(P_Y - P_H) \tag{4-4}$$

式中，E_H 为不透水地面年蒸发量，mm；P_H 为一年中日降雨量小于 H_0 的降雨量总量，mm；H_0 是硬化地面日有效降雨量分界点，本研究参考《海绵城市建设技术指南》中取值，$H_0 = 2$mm；ψ 为年径流系数，小于等于 1；P_Y 为年降雨量，mm。

图 4-14 展示了我国 31 个省级行政中心、直辖市 2015 年不透水硬化地面截留雨水蒸发量，结果显示处于南方湿润地区的城市的不透水硬化地面截留雨水蒸发量大于北方干旱半干旱地区的蒸发量。

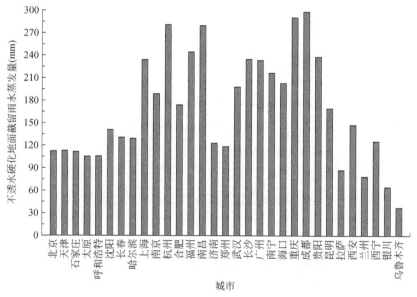

图 4-14　中国部分城市 2015 年不透水硬化地面截留雨水蒸发量

4.2.2　城市不透水硬化地面人工洒水蒸发计算

城市道路洒水主要目的是降尘、降温，改变城市道路的空气质量和环境温度，降低机动车道地表温度，延长道路使用寿命。在城市中主要针对机动车道和部分非机动车道进行道路洒水，并且有相关的行业标准和地方标准，用以规范管理。相关标准规范有《城市道路清扫保洁质量与评价标准》（CJJT126–2008），也有地方标准，如北京市地方标准《城市道路清扫保洁质量与作业要求》（DB11/T 353–2014），北京市标准规定每年 4 月 1 日至 10 月 31 日，城市一级和二级道路每日清洗和冲刷不少于一次。近年来，随着城市雾霾的加重和城市空气质量的恶化，城市的道路洒水作业的频次均有所增加，据实地走访调查，北京市部分主要道路每天的洒水作业次数在 2 次及以上。通过观测和调查得知，道路洒水的量是基本不会产生地表径流的，也就是说道路的洒水全部蒸发在空气中。

$$W_A = H_A \times (365 - d_{frost} - d_{rain1}) \times A_r \times 10^3 \tag{4-5}$$

式中，W_A 是城市道路年洒水量，m^3；d_{frost} 是霜冻天数，天；H_A 是道路洒水的深度，mm；d_{rain1} 是降雨超过 1mm 的天数，天；A_r 是城市一级、二级道路面积之和（城市洒水道路的总面积），km^2。

道路洒水的深度是一个关键的参数，将直接影响道路洒水的用水量和不透水硬化地面人工洒水的蒸发量。本研究开展的不透水路面截留雨水试验监测结果表明沥青路面的截留雨水深度在 0.5～0.75mm。何建国等（1986）研究表明洒水深度为 0.5～1.1mm 时具有较好的降尘效果。北京市洒水车调查计算结果（一辆容积是 8m³ 的洒水车，洒水宽度是 2.5m，可以洒水的道路长是 5km）表明洒水车洒水深度一般为（0.65±0.05）mm。本书研究中取 H_A 等于 0.65mm，结合当地气温数据和日降雨量计算了我国 31 个省级行政中心的年道路洒水总量和道路洒水在建成区的蒸发强度，见图 4-15。其中道路洒水在建成区的蒸发强度等于道路年洒水总量除以城市建成区面积得到，用来说明道路洒水对城市蒸发量的贡献。由于城市道路人工洒水量与城市洒水道路的面积、降雨天数、霜冻日天数都有关系，因此人工洒水蒸发量及其强度的区域规律性较差。从分析数据来看，城市的洒水面积是影响人工洒水蒸发量的主要因素。

4.2.3 城市透水硬化地面蒸发计算

水在土壤中的主要形式是气态水、附着水、薄膜水、毛细水和重力水，其中前三种形态的水一般在渗流中不予考虑，因为气态水以气体形式存在，附着水和薄膜水受分子力作用吸附在土壤颗粒表面，毛细水一般存在于极细小的孔隙中，仅在颗粒极细的土壤渗流中考虑。本书研究中城市透水铺装的土壤中渗流不考虑以上四种形态土壤水，只考虑重力水。

对于土壤渗流来说，由于流速一般都很小，因此流速水头忽略不计，渗流水

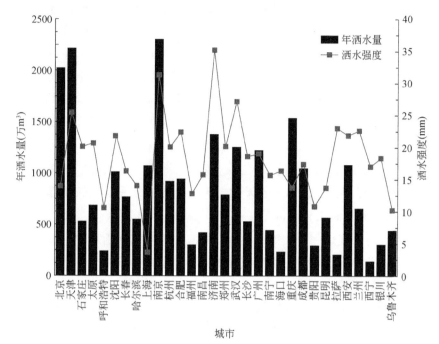

图 4-15　中国部分城市 2015 年道路洒水量和洒水强度

头等于位置水头与压强水头之和，也就是测压管水头。

$$\varepsilon = \frac{\omega}{W} \qquad (4-6)$$

式中，ε 为孔隙率，总是小于 1；ω 是孔隙的体积，m^3；W 是土壤的总体积，m^3。

透水铺装在降水条件下的入渗情景分析：

$$S_c = \varepsilon h \qquad (4-7)$$

式中，S_c 是透水铺装持水量，mm；h 是透水铺筑的厚度，mm。

$$\begin{cases} S_a = S_0 + P, \ R = 0, & \text{if } p < k, \ P < S_c - S_0 \\ S_a = S_c, \ R = P - S_c, & \text{if } p < k, \ P > S_c - S_0 \\ S_a = S_c, \ R = P - S_c, & \text{if } p > k, \ P > S_c - S_0 \\ S_a = S_0 + kt, \ R = (p - k) \ t, & \text{if } p > k, \ P < S_c - S_0 \end{cases} \qquad (4-8)$$

式中，p 是降水强度，mm/s；P 是降水量，mm，$P = pt$；t 是降水历时；k 是渗透能力，mm/s；S_0 是降雨前透水铺装含水量，mm；S_c 是持水能力，mm；R 是地表径流深，mm。

敖靖（2014）基于蒸发比的思想计算透水铺装系统的蒸发量。

$$E_v = re\left(\frac{\varepsilon_0}{\varepsilon}\right)\zeta(q_s - q_a) \tag{4-9}$$

式中，$re(\varepsilon_0/\varepsilon)$ 是蒸发比，与透水铺装系统表层体积含水率及其对应饱和体积含水率的比值有关；ζ 是散湿系数；q_s 和 q_a 分别是透水铺装表面温度湿空气的饱和含湿量和实际含湿量。

$$q_s = 0.6222\frac{p_s}{B - p_s} \tag{4-10}$$

$$p_s = eps\left(4.3066 - \frac{1790}{T_s + 238}\right) \tag{4-11}$$

式中，B 是大气压，Pa；p_s 是湿空气中饱和水蒸气压力，Pa；T_s 是透水铺装表面温度，K。

4.3　裸土、植被和水面蒸散发计算

绿地和水面是城市中自然下垫面的典型代表，绿地主要由各种乔灌木和草地组成，裸土地面较少存在或者暂时性存在城市的某个位置。为了更好地考虑城市下垫面的异质性，做到分层计算，本书研究将裸土、植被和水面这三种类型耗水（蒸散发）分别计算。这也是传统蒸散发研究的主要对象，研究的理论和计算方法相对成熟。本书在蒸散发计算中引用已有研究成果的计算方法对裸土、植被和水面的潜在蒸散发进行计算，然后通过城市实测的水面蒸发进行修正和折减，最终得到实际蒸散发，计算所需的数据是城市区域实测的气象资料。为了消除城市区域不同站点监测数据差异带来的结果差异，突出自然侧和社会侧的耗水特征，本书在计算裸土、绿地和水面蒸散发时选用点源数据进行计算，所选站点尽可能接近城市的中心位置。本书认为在城市中心位置实测得到的气象资料中，气温、相对湿度等气象数据是受到人为热、人类活动影响过的值，因此在能量平衡方程中不再单独考虑人为热通量。对于城市绿地中人工灌溉水量对蒸散发的影响，在计算过程中将灌溉水量折算成灌溉水深，作为日降水数据添加到蒸散发计算模型中。

4.3.1　裸土蒸发计算

裸土蒸发是土壤水分上升、汽化进入大气参与水文循环的过程（陈建刚等，

2007），在城市区域由于裸土存在的面积较小或者时间较短，主要的存在方式是棵间土壤的形式存在。本书选用修正 Penman 公式计算。

$$E_S = \frac{(R_n - G)\Delta + \rho_a C_P \delta e / r_a}{\lambda (\Delta + \gamma/\beta)}$$ (4-12)

当 $\theta \leqslant \theta_m$ 时，$\beta = 0$；

当 $\theta_m < \theta < \theta_{fc}$ 时，$\beta = \frac{1}{4} \left[1 - \cos\left(\frac{\theta - \theta_m}{\theta_{fc} - \theta_m}\pi\right) \right]^2$；

当 $\theta \geqslant \theta_{fc}$ 时，$\beta = 1$。

式中，E_s 为土壤蒸发量，mm；R_n 为地表净辐射量，$J \cdot m^{-2} \cdot d^{-1}$；$G$ 为土壤热通量，$J \cdot m^{-2} \cdot d^{-1}$；$\Delta$ 为温度与饱和水汽压关系曲线的斜率，$kPa \cdot ℃^{-1}$；ρ_a 为空气密度，g/cm^3；C_P 为空气定压比热，$J \cdot kg \cdot ℃^{-1}$；δe 为冠层高度处的饱和水汽压差，$\delta e = e_s - e_a = e_s (1-RH)$，kPa；$r_a$ 为地面到冠层高度处的空气动力学阻力，s/m；λ 为蒸发作用的潜热，$J \cdot kg^{-1}$；γ 为干湿表常数，$kPa \cdot ℃^{-1}$；β 为土壤湿润函数或蒸发效率；θ 为土壤的体积含水率；θ_{fc} 为土壤的田间持水率；θ_m 为单分子吸力对应的土壤体积含水率。

4.3.2 植被蒸散发计算

植被的蒸散发包括植被的蒸腾和植被冠层的截留蒸发，植被蒸腾是植被蒸散发中的主要部分，也是研究成果较为丰富的部分。其中 Penman 公式是计算植被蒸散发最为常用的方法，计算的准确性也较高，因此本书在植被蒸腾量计算中选用 Penman 公式。

$$E_{PM} = \frac{(R_n - G)\Delta + \rho_a C_P \delta e / r_a}{\lambda [\Delta + \gamma(1 + r_c/r_a)]}$$ (4-13)

式中，E_{PM} 为植被单位叶面面积的蒸腾量，mm；r_c 为植物群落阻抗，s/m。其他符号意义同式（4-12）。

同不透水硬化地面截留雨水蒸发一样，植被的冠层也具有截留雨水的特性，截留的水量也经过蒸发进入空气中。植被冠层截留也被认为是植被对雨水的第一次分配，对降雨产流过程和水文循环过程具有重要意义（何建国等，1986）。影响植被冠层截留特性的因素有冠层自身的特征，比如叶片类型、叶面积指数等，也有气象要素，比如降雨量、降雨强度、风速等（杨大文等，2016）。许多学者也对不同的植被冠层截留特性进行了研究，常用的研究方法有浸润法、擦拭法、水量平衡法、数据挖掘方法（刘艳丽等，2015）等，草冠层截留蒸发和乔灌木冠层截留蒸发一样，是植被冠层截留蒸发的一部分（尹剑红，2016），乔木的冠层截留蒸发能力高于灌木和草本植物（周健，2012）。本书中植被截留蒸发用 Noilhan-Planton 公式计算。

$$E_i = \text{Veg} \times \ell \times E_W \tag{4-14}$$

式中，E_i 是植被冠层截留量，mm；Veg 是作物覆盖度；ℓ 是湿润叶面的面积率；E_W 为水面蒸发能力。

4.3.3　水面蒸发计算

水面蒸发是蒸发原理和蒸发能量平衡理论的源头，也是蒸散发计算研究中较为成熟的部分。本书选用 Penman 公式计算。

$$E_W = \frac{\Delta}{\Delta + \gamma}(R_n + A_h) + \frac{\gamma}{\Delta + \gamma}\frac{6.43(1 + 0.536U_2)D}{\lambda} \tag{4-15}$$

式中，A_h 是以平流形式输送给水体的能量；U_2 是 2m 高处测得的风速，m/s；D 为饱和水汽压力差，kPa；其他变量符号的意义同式（4-12）。

4.4　土壤入渗量及灌溉入渗量估算

绿地和水面是城市中自然下垫面的典型代表，绿地主要由各种乔灌木和草地组成，土壤地面较少存在或者暂时性存在城市的某个位置。城市水循环的土壤入渗量难以直接观测，其理论计算也较为复杂，一般需要采用土壤水动力学模型进行分层入渗计算，涉及地下水的三维运动，是本书研究的关键难点之一。本书采用简化估算的方法进行处理。将土壤下渗量划分为两部分，即城市供排管网中水量渗漏部分和草坪人工灌溉入渗量部分。其中供排水过程的水量损失（I_C）主要渗入地下，回补地下水，可以采用如下公式计算：

$$I_C = G_{up} \times (C_1 + (1 - C_1) \times (1 - C_2) \times C_3) \tag{4-16}$$

式中，C_1 为供水过程压力流渗漏经验耗水系数；C_2 为实际生产生活经验耗水系数；C_3 为排水过程重力流渗漏经验耗水系数；G_{up} 为供水端总供水量。

具体到本书研究区域——清华大学校园，其各个经验系数的取值如下：C_1 为

0.15，C_2 为 0.2，C_3 为 0.07；又清华大学校园 2011 年供水量为 391 万 m³，将这些数据带入公式中计算可得生活污水排水入渗量为 77.26 万 m³：

$$I_C = 391 \times (0.15 + (1 - 0.15) \times (1 - 0.2) \times 0.07) = 77.26（万 m³）\quad (4-17)$$

清华大学校园草坪人工灌溉量由三部分组成：取 2011 年数据，自来水供水量为 14.6 万 m³，雨水收集 5 万 m³，中水回用绿化用水 50 万 m³，三种供水中只有自来水供水是有月份数据的，其他两种供水只有年尺度数据，将后两者总量按自来水供水比例分摊到各月份中，与绿化缺水量（草坪、树木实际蒸散发与降雨量的差值，其中树木蒸散发按草坪蒸散发比例分摊到各月份中）相减得到以下结果，见表 4-1。

表 4-1　人工绿化用水及绿化缺水量

2011 年	绿化缺水量（万 m³）	自来水（万 m³）	月份比例	中水（万 m³）	收集雨水（万 m³）	总灌溉量（万 m³）
1	0.81	0.13	0.01	0.75	0.08	0.96
2	2.13	1.37	0.09	4.50	0.45	6.32
3	4.04	1.77	0.12	6.00	0.60	8.37
4	11.16	2.85	0.19	9.51	0.95	13.31
5	12.74	2.36	0.16	8.00	0.80	11.16
6	5.97	0.77	0.05	2.50	0.25	3.52
7	0.00	1.03	0.07	3.50	0.35	4.88
8	0.00	2.01	0.14	7.00	0.70	9.71
9	3.18	1.81	0.12	6.00	0.60	8.41
10	0.00	0.11	0.01	0.50	0.05	0.66
11	1.58	0.34	0.02	1.00	0.10	1.44
12	0.77	0.09	0.01	0.75	0.07	0.92
合计	42.38	14.60	1	50.03	5.00	69.67

由于灌溉缺水量是作物正常生长所需的合理蒸腾蒸发量，因此，当灌溉量大于缺水量的时候，多余的水量不能被蒸发掉，一般以灌溉径流和下渗的形式"跑掉"，实际灌溉中，径流产生很少，于是简单计算中认为灌溉水量与缺水量的差值为灌溉入渗量（I_{ir}），其计算公式为

$$I_{ir} = 69.67 - 42.38 = 27.29（万 m³）\quad (4-18)$$

则总下渗量（I）为

$$I = I_{ir} + I_C = 77.26 + 27.29 = 104.55（万 m³）\quad (4-19)$$

4.5 地下水蓄变量的影响

清华大学校园供水以地下自备水井供水为主，井水的抽取对区域地下水流场的影响较大。在校园水循环通量观测中，深层地下水的运动对建立水量平衡关系十分重要。然而在校园内没有用于深层地下水观测的观测井，难于进行直接观测。本书研究采用地下水运动模型模拟计算校园内地下水流场，模型的率定和验证需要地下水抽水试验数据。由于校园的水井都是生产供水井，需要根据校园用水需求决定水泵开启和关闭，不能按照试验方案要求安排抽水。为解决这个矛盾，本研究组和中国水利水电科学研究院承担的瑞典国际发展署（SIDA）资助项目"太阳能提水灌溉修复草场关键技术集成"合作，在内蒙古、青海的灌溉试验站完成了地下水抽水试验，率定了地下水数值模型。

在地下水计算时分为浅层和深层两个含水层，浅层地下水含水层即通常意义的潜水含水层，为上边界具有自由水面的含水层；深层地下水含水层为通常意义的承压含水层，为上部附有导水能力远低于含水层自身导水能力的含水层。模型计算中每个单元都具有这两个含水层，通过水量均衡的方式对地下水循环过程进行模拟。

1. 浅层地下水平衡

浅层地下水的水量平衡方程为

$$\mathrm{aq}_{\mathrm{sh},\,i} = \mathrm{aq}_{\mathrm{sh},\,i-1} + w_{\mathrm{rchrg},\,i} - Q_{\mathrm{gw},\,i} - w_{\mathrm{revap},\,i} - w_{\mathrm{sham},\,i} - w_{\mathrm{leak},\,i} \qquad (4\text{-}20)$$

式中，$\mathrm{aq}_{\mathrm{sh},\,i-1}$、$\mathrm{aq}_{\mathrm{sh},\,i}$ 分别为第 $i-1$ 天、第 i 天存储在浅层含水层中的水量，mm；$w_{\mathrm{rchrg},\,i}$ 为第 i 天进入浅层含水层的补给量，mm；$Q_{\mathrm{gw},\,i}$ 为第 i 天地下水产生的基流量，mm；$w_{\mathrm{revap},\,i}$ 为第 i 天的潜水蒸发量，mm；$w_{\mathrm{sham},\,i}$ 为第 i 天浅层地下水的抽取量，mm；$w_{\mathrm{leak},\,i}$ 为当天浅层地下水向深层地下水的越流量，mm。

2. 浅层地下水补给

浅层地下水的补给量包括以下分项：

$$w_{\mathrm{rchrg},\,\mathrm{sh}} = w_{\mathrm{rg},\,\mathrm{soil}} + w_{\mathrm{rg},\,\mathrm{riv}} + w_{\mathrm{rg},\,\mathrm{res}} + w_{\mathrm{rg},\,\mathrm{runoff}} + w_{\mathrm{rg},\,\mathrm{pnd}} + w_{\mathrm{rg},\,\mathrm{wet}} + w_{\mathrm{rg},\,\mathrm{irrloss}}$$

$$(4\text{-}21)$$

式中，$w_{\mathrm{rchrg},\mathrm{sh}}$ 为浅层地下水各补给源的总量，mm；$w_{\mathrm{rg},\,\mathrm{soil}}$ 为土壤深层渗漏向地下水的补给量，mm；$w_{\mathrm{rg},\,\mathrm{riv}}$ 为主河道的渗漏量，mm；$w_{\mathrm{rg},\,\mathrm{res}}$ 为水库的渗漏量，mm；$w_{\mathrm{rg},\,\mathrm{runoff}}$ 为地表径流在向主河道运动时的损失量，mm；$w_{\mathrm{rg},\,\mathrm{pnd}}$ 为湖泊/池塘的渗漏

量，mm；$w_{\text{rg, wet}}$ 为湿地的渗漏量，mm；$w_{\text{rg, irrloss}}$ 为渠道工程引水过程的渗漏量，mm。

地下水的补给具有延迟效应，水分从土壤剖面底部下渗到地下水系统的时间依赖于地下水潜水面的埋深和渗流区的水力性质。采用指数衰减函数来描述地下水补给的时间延迟，计算公式为

$$w_{\text{rchrg, }i} = \left[1 - \exp(-1/\delta_{\text{gw}})\right] \times w_{\text{rchrg, sh}} + \exp(-1/\delta_{\text{gw}}) \times w_{\text{rchrg, }i-1} \quad (4\text{-}22)$$

式中，$w_{\text{rchrg, }i}$ 为第 i 天实际进入浅层地下水的补给量，mm；δ_{gw} 为延迟时间，天；延迟时间 δ_{gw} 不能直接通过测量确定，但可以通过试算比较模拟地下水位和实测地下水位的响应规律确定。$w_{\text{rchrg, }i-1}$、$w_{\text{rchrg, sh}}$ 为第 i-1 天、第 i 天各种浅层地下水补给源的总量，mm。

3. 地下水基流

地下水基流，即地下水向主河道的排泄通过子流域排水系数进行计算，单位面积子流域任意时刻的基流产生速度为

$$q = \text{CRV}(H_{\text{depth}} - \text{GWD}_{\text{mn}}) \quad (4\text{-}23)$$

式中，q 的为排水速度，m/d；H_{depth} 为当天的浅层地下水埋深，m；GWD_{mn} 为浅层地下水向河道产生基流补给时的最小地下水埋深阈值（只有地下水埋深小于该阈值时才产生地下水基流），m；CRV 为区域地下水排水系数（物理意义为地下水埋深与 GWD_{mn} 之间为单位距离时，单位面积子流域在单位时间内的排水量，量纲为 T^{-1}）。

在式（4-23）两端乘以 dt 可得基流产出量（Q_{base}）的微分：

$$\text{d}Q_{\text{base}} = \text{CRV}(\text{GWD}_{\text{mn}} - H_{\text{depth}})\text{d}t \quad (4\text{-}24)$$

根据给水度的概念，基流产出量与浅层埋深变化的关系为

$$\text{d}Q_{\text{base}} = \mu \text{d}H_{\text{depth}} \quad (4\text{-}25)$$

因此可得浅层埋深变化与时间的微分关系：

$$\mu \text{d}H_{\text{depth}} = \text{CRV}(\text{GWD}_{\text{mn}} - H_{\text{depth}})\text{d}t \quad (4\text{-}26)$$

积分可得：

$$\int_{H_0}^{H_{\text{depth}}} \frac{\mu \text{d}H_{\text{depth}}}{\text{CRV}(\text{GWD}_{\text{mn}} - H_{\text{depth}})} = \int_0^t \text{d}t \quad (4\text{-}27)$$

其中 H_0 为当天初始浅层埋深。积分结果可得浅层埋深与时间的关系：

$$H_{\text{depth}} = \text{GWD}_{\text{mn}} - (\text{GWD}_{\text{mn}} - H_0)\text{e}^{-\frac{\text{CRV} \times t}{\mu}} \quad (4\text{-}28)$$

对式（4-25）进行积分：

$$\int_0^Q dQ_{\text{base}} = \mu \int_{H_0}^{H_{\text{depth}}} dH_{\text{depth}} \tag{4-29}$$

可得单位面积子流域基流产出量（Q_{gw}）与时间（t）的关系：

$$Q_{\text{gw}} = \mu (\text{GWD}_{\text{mn}} - H_0)(1 - e^{\frac{\text{CRV} \times t}{\mu}}) \tag{4-30}$$

因地下水模型计算为日尺度，式（4-30）中取 $t=1$，可得当天的地下水基流量为

$$Q_{\text{gw}} = \mu (\text{GWD}_{\text{mn}} - H_0)(1 - e^{-\frac{\text{CRV}}{\mu}}) \tag{4-31}$$

4. 潜水蒸发

在长时间无降雨或灌溉，而外界蒸发强烈时，通过土壤孔隙的毛细作用水分可以从浅层地下水进入上伏的非饱和区并从地表逸出，即潜水蒸发过程。在地下水埋深较浅而排水不畅的区域，潜水蒸发是地下水的主要排泄形式。地下水也可以被根系较深的植物直接蒸腾。

模型中对于潜水蒸发的计算通过阿维里扬诺夫斯基公式计算：

$$w_{\text{revap}} = K_{\text{gw}} \times E_0 \times \left(1 - \frac{D_{\text{sh}}}{D_{\text{mx}}}\right)^p \tag{4-32}$$

式中，w_{revap} 为当天的潜水蒸发量，mm；K_{gw} 为潜水蒸发修正系数；E_0 为当天的参考作物腾发量，mm；D_{sh} 为当天的地下水埋深，m；D_{mx} 为潜水蒸发极限埋深，m；p 为潜水蒸发指数，一般为 2~3。

潜水蒸发为土壤水的补给来源之一，模型在计算出当天的潜水蒸发量之后，将以当天土壤各层的实际腾发量为权重对潜水蒸发量进行分配，对各土壤层由于腾发损失的水量进行补充。城区单元只有没有被建筑物和硬化地面覆盖的区域才进行潜水蒸发计算。

5. 浅层地下水开采

模型中浅层地下水可被指定为城市工业/生活用水开采消耗（地下水源井），此时模型将根据开采水量直接从浅层地下水中移除。

6. 浅层/深层越流

浅层地下水与深层地下水之间的越流指由于浅层地下水和深层地下水之间的水头差异形成势能差，水分通过两个含水层之间的隔水层发生水量交换。

假设浅层和深层地下水之间的越流系数为 V_k，浅层地下水埋深初始为 $\text{SHA}_{\text{depth}}^0$（m），深层地下水埋深初始为 $\text{DEEP}_{\text{depth}}^0$（m），在越流发生的任何时刻，浅层埋深为 $\text{SHA}_{\text{depth}}^0$（m），深层埋深为 $\text{DEEP}_{\text{depth}}^0$（m），则该时刻单位面积含水层之间的交换速率 q_{leak}（m/d）为

$$q_{leak} = V_k(SHA_{depth} - DEEP_{depth}) \quad (4\text{-}33)$$

在 dt 时段内的越流量为

$$dleak = q_{leak} \times dt = V_k(SHA_{depth} - DEEP_{depth}) \times dt \quad (4\text{-}34)$$

假设浅层埋深比深层埋深大（浅层埋深比深层埋深小时也可通过以下过程进行推导），考虑浅层水、深层水之间在越流发生时的关系，有：

$$\mu_1 dSHA_{depth} = -dleak = -\mu_2 dDEEP_{depth} \quad (4\text{-}35)$$

式中，μ_1 为潜水的给水度；μ_2 为深层水的贮水系数。对式（4-35）进行积分，有：

$$\int_{SHA_{depth}^0}^{SHA_{depth}} \mu_1 dSHA_{depth} = -\int_{DEEP_{depth}^0}^{DEEP_{depth}} \mu_1 dDEEP_{depth} \quad (4\text{-}36)$$

可得：

$$\mu_1 SHA_{depth} + \mu_2 dDEEP_{depth} = \mu_1 SHA_{depth}^0 + \mu_2 DEEP_{depth}^0 \quad (4\text{-}37)$$

由于

$$\mu_1 dSHA_{depth} = -dleak = V_k(SHA_{depth} - DEEP_{depth})dt \quad (4\text{-}38)$$

式（4-38）结合式（4-30）对该式进行积分可得：

$$\int_{SHA_{depth}^0}^{SHA_{depth}} \frac{dSHA_{depth}}{\mu_1 SHA_{depth}^0 + \mu_2 DEEP_{depth}^0 - (\mu_1 - \mu_2)SHA_{depth}} = \int_0^t \frac{V_k}{\mu_1 \mu_2}dt \quad (4\text{-}39)$$

整理得：

$$SHA_{depth} = \frac{\mu_1 SHA_{depth}^0 + \mu_2 DEEP_{depth}^0}{\mu_1 + \mu_2} - \frac{\mu_2(DEEP_{depth}^0 - SHA_{depth}^0)}{\mu_1 + \mu_2} e^{-\frac{\mu_1 + \mu_2}{\mu_1 \mu_2}V_k t}$$

$$(4\text{-}40)$$

基于上式，由于 $\mu_1 dSHA_{depth} = -dleak$，积分得：

$$\int_0^{leak} dleak = \int_{SHA_{depth}^0}^{SHA_{depth}} dSHA_{depth} \quad (4\text{-}41)$$

整理可得浅层/深层越流量（w_{leak}）与时间的关系：

$$w_{leak} = \frac{\mu_1 \mu_2}{\mu_1 + \mu_2}(SHA_{depth}^0 - DEEP_{depth}^0) \times \left(1 - e^{-\frac{\mu_1 + \mu_2}{\mu_1 \mu_2}V_k t}\right) \quad (4\text{-}42)$$

7. 深层地下水循环

模型中子流域深层地下水仅接受来自浅层地下水的越流（或向浅层地下水越流），此外还可被人工耗用，其水量平衡为

$$aq_{dp,\,i} = aq_{dp,\,i-1} + w_{leak,\,i} - w_{pump,\,dp} \quad (4\text{-}43)$$

式中，$aq_{dp,i-1}$、$aq_{dp,\,i}$ 分别为第 i-1 天、第 i 天深层地下水的储量，mm；$w_{leak,i}$ 为第 i 天从浅层地下水越流到深层地下水的水量，mm；$w_{pump,dp}$ 为第 i 天的深层地下水开采量，mm。

4.6 本 章 小 结

本章以城市地表蒸散发监测和计算为主要内容开展研究，主要监测了硬化地面的蒸散发特性，建立了硬化地面蒸散发模型，结合已有的植被、裸土和水面的蒸散发计算方法，共同构建城市地表蒸散发计算模块。

（1）针对硬化地面中的不透水地面开展截留雨水试验，测定不同类型不透水地面的截水深度。针对透水硬化地面中的透水混凝土地面的降雨入渗和蒸发开展模型试验监测，通过土壤水分传感器、温湿度传感器等监测和记录模型中的土壤水分变化特征，并设置裸土和天然植被作为对照组，分析研究了透水混凝土下层土壤水分变化特征。

（2）以水量约束为原则建立了不透水地面的降雨蒸发计算模型和人工洒水蒸发计算模型。结合已有研究成果，通过蒸发比的思想进行透水硬化地面下层土壤蒸发计算研究。

（3）针对裸土、植被和水面的蒸散发计算，选用已有的研究成果和计算方法作为本书的计算方法开展研究，气象数据采用城市区域气象站实测的日值数据。

（4）针对土壤入渗量和灌溉入渗的估算开展了分析研究，对地下水蓄变量的计算方法进行了研究讨论。

第5章 | 城市耗水计算模型及应用研究

本章提出了城市尺度耗水计算的数学模型，以期定量化研究城市尺度的耗水特征。城市区域的地表结构、下垫面类型、土地利用类型的特征对城市的水热空间特征影响明显（朱永杰等，2014）。本章提出的模型可以研究城市不同土地利用类型的耗水特征，分析城市耗水空间格局，为城市的水热空间特征计算提供科学的计算方法，为城市的水资源精细化管理和配置提供科学依据，为城市特别是缺水城市的规划和布局提供科学支撑，为城市供排水管网的优化设计提供参考。

本书主要研究的是城市建成区内的耗水问题，基本没有农业用地，因此不考虑农业用水产生的耗水。同时考虑到工业用水中不同行业之间用水过程、耗水特征差异较大，因此在耗水计算中，工业厂房内（建筑物内部）的耗水暂不做研究。经过第3章和第4章的研究，分别对城市民用建筑物内部、建筑物屋顶和硬化地面、裸土、绿地、水面的耗水机理及计算进行了研究，在此基础上，本章结合城市土地利用数据，集成各耗水项计算方法，建立城市耗水计算模型，在北京和厦门开展城市耗水计算应用研究。

5.1 基于城市土地利用类型的 城市耗水计算模型

城市是人类社会发展的产物，作为人工设计和建造的区域，城市的资料和数据应该是比较完善的，但是实际情况却不是这样，城市水文和水循环的研究依然是水文科学研究的难点和弱点。其原因主要是城市下垫面的异质性高，城市基本资料的不足（原因是统计部门众多、统计口径不一、历史遗留问题等）。在城市耗水研究中，城市地表的结构和土地利用类型是基本的数据，直接决定了城市的用水结构和耗水特征（Kim et al.，2016）。为此，本研究从城市土地利用数据入手开展城市耗水计算研究。基本上每个城市都有城市总体规划，规划中都给定了不同土地利用类型的分布和空间格局，详细规定了城市的土地利用情况，结合城市建设统计年鉴可以知道城市的土地利用状况。根据对专业规划人员的调查也了解到，每个城市基本都有一个《城市规划管理规定》或者《城市管理规定》，这些规定中给出了每一种土地利用类型中不同类型下垫面的比例，比如某市的城市规划管理规定中列出居住用地中建筑物的比例是 30% ~ 40%，绿地的比例是 20% ~ 30%，硬化地面的比例是 15% ~ 25%，水面的比例是 15% ~ 25%。

《城市规划管理规定》为城市土地利用类型数据和城市下垫面耗水类型建立了定量联系，对于一个城市，可以根据相关参数利用各自的方法计算得出建筑物、硬化地面、绿地、水面、裸土的耗水强度，然后结合城市中各种土地利用类型中五种耗水下垫面的比例，通过面积加权计算得到不同土地利用类型的耗水强度。最后根据不同土地利用类型的面积及其比例，计算得到整个城市的耗水量以及不同土地利用类型的耗水比例或者贡献率。

图 5-1 给出了基于土地利用的城市耗水计算分析框架。左侧是城市土地利用类型，右侧是城市耗水类型的二级分类，计算方法是基于二级分类建立的。根据第 2 章的耗水机理，将发生在建筑物内部、道路人工洒水产生的蒸发以及人工灌溉产生的蒸散发划分为社会侧耗水，将裸土、绿地、水面、建筑物屋顶和硬化地面的蒸散发划分为自然侧耗水。

基于以上城市耗水计算分析框架，本研究也做了一些限制和假设。首先图 5-1 中虚线的耗水（工业用地中的建筑物内部耗水）在本书中不做研究。在物流仓储用地中建筑物内部的耗水只考虑工作人员的生活耗水，近似认为建筑物内部仓储过程中不发生耗水。对于居住用地、公共管理与公共服务用地、商业服务用地、公用设施用地，本书认为建筑物内部发生的耗水均为人类在建筑物内部的日常生活耗水，不涉及生产耗水。调查数据显示部分城市的土地利用类型分类与图 5-1 中的有些差异，在计算过程中以实际土地利用类型分类为准，分析框架与模型思想是不变的。基于第 3 章和第 4 章对城市建筑物内部和露天耗水机理的研究和耗水计算模型，针对不同的耗水项采用不同的计算方法进行耗水计算研究，相应的模型集成于表 5-1。

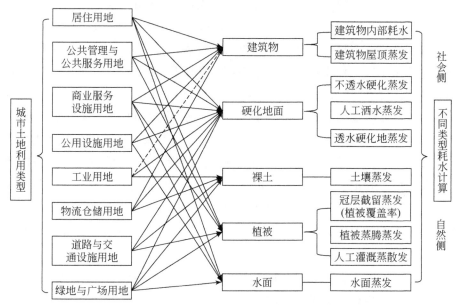

图 5-1　基于土地利用的城市耗水计算模型框架

表 5-1　城市耗水计算模型表

耗水下垫面类型	耗水计算类型	计算公式	备注
建筑物	建筑物内部耗水	$B_D^y = 365 \times (\delta \times A \times D_f/1000 + P_N \times I_P) + n \times D_c$	式 (3-4)
	建筑物屋顶蒸发	$E_H = P_H + (1-\psi)(P_Y - P_H)$	式 (4-4)
硬化地面	不透水地面（降雨）蒸发		
	不透水地面（洒水）蒸发	$W_A = H_A \times (365 - d_{frost} - d_{rain1}) \times A_r \times 10^3$	式 (4-5)
	透水硬化地面蒸发	$E_v = re\left(\dfrac{\varepsilon_0}{\varepsilon}\right)\zeta(q_s - q_a)$	式 (4-9)
裸土	土壤蒸发	$E_S = \dfrac{(R_n - G)\Delta + \rho_a C_P \delta e/r_a}{\lambda(\Delta + \gamma/\beta)}$	式 (4-12)
绿地	植被冠层截留蒸发	$E_i = \text{Veg} \times \ell \times E_W$	式 (4-14)
	植被蒸腾	$E_{PM} = \dfrac{(R_n - G)\Delta + \rho_a C_P \delta e/r_a}{\lambda[\Delta + \gamma(1 + r_c/r_a)]}$	式 (4-13)
水面	水面蒸发	$E_W = \dfrac{\Delta}{\Delta + \gamma}(R_n + A_h) + \dfrac{\gamma}{\Delta + \gamma}\dfrac{6.43(1 + 0.536 U_2)D}{\lambda}$	式 (4-15)

以土地利用类型为基本单元，结合城市不同类型耗水下垫面计算方法构建城市尺度耗水计算模型如下：

$$\mathrm{UWD} = B_\mathrm{D}^\gamma + W_\mathrm{A} + \left[E_\mathrm{H} \times A_\mathrm{H} + E_\mathrm{v} \times A_\mathrm{v} + E_\mathrm{S} \times A_\mathrm{S} + (E_\mathrm{i} + E_\mathrm{PM}) \right.$$
$$\left. \times A \times \eta + E_\mathrm{W}^\prime \times A_\mathrm{W} \right] / 1000 \tag{5-1}$$

式中，UWD 是城市耗水量，m^3；A 是城市建成区（或者研究区，本研究中不考虑工业用地）的总面积，m^2；η 是植被覆盖率；A_H 为区域硬化地面面积，m^2；A_C 为区域绿地面积，m^2；A_W 为区域水面面积，m^2；A_S 为区域裸土地面积，m^2；B_D^γ 是建筑物内部的年耗水量，m^3；W_A 是不透水地面人工洒水的蒸发量，m^3；E_H 是不透水硬化地面截留雨水蒸发强度，mm；E_v 是透水硬化地面蒸发强度，mm；E_S 是裸土蒸发强度，mm；E_i 是植被冠层截留蒸发强度，mm；E_PM 是植被蒸发强度，mm；E_W 是水面蒸发强度，mm。

5.2 城市耗水计算模型的应用研究

本书根据耗水特征将城市下垫面划分了五大类，九小类，并建立了八类耗水计算模型（其中建筑物屋顶和不透水硬化地面计算方法相同）。本节将运用前面的耗水计算模型开展应用研究，分别在单元尺度和城市尺度开展城市耗水计算研究。单元尺度以清华园为例，城市尺度以厦门市和北京市为例，其中厦门市耗水计算是基于翔实的调查数据和统计数据，北京市的耗水计算是基于统计资料，对模型进行了一定程度的概化，目的是提高模型的普适性，以适应城市现有的数据结构特征。

5.2.1 以清华园为例的单元尺度耗水计算研究

清华园是一个供排水相对独立的区域，也是一个典型的具有综合功能的城市单元，园内的下垫面包含了建筑物、硬化地面、绿地、水面以及少量裸土，其中建筑物涵盖了居住、办公、教学、医院、宾馆、餐饮、超市、体育馆、游泳馆、博物馆、银行等各类城市典型功能的建筑物，绿地包括了乔灌木和草本植物，硬化地面包括了沥青、混凝土、铺砖等不同材质的地面，有道路、广场、人行道。清华园可以看作是典型城市的缩影，因此选择清华园为例开展单元尺度耗水研究。

清华园的面积为 3520000 m², 常住人口有 6 万余人, 据初步统计园内有建筑物 450 余座, 建筑物楼层相对较低, 平均楼层为 3 ~ 4 层。清华园绿化率较高, 2014 年绿化率是 54.80%。校园气象站监测 2014 年的降水量为 441.8mm。图 5-2 是清华园 2014 年各类耗水类型面积比例。

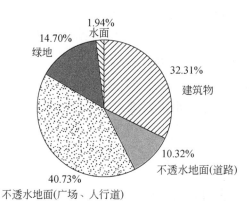

图 5-2　清华园 2014 年各类耗水类型面积比例

针对清华园耗水的计算研究的时间范围是 2014 年 1 月 1 日 ~ 12 月 31 日, 计算植被蒸散发、水面蒸发等自然侧的耗水所需要的气象数据 (主要包括温度、风速、降水、气温、辐射等) 是由清华园内的校园气象站实测的数据, 本书研究选用新水草坪气象站的数据, 原因是该气象站在清华园的中心地带。在计算建筑物内部耗水过程中, 基本数据通过资料收集、问卷调查和典型试验等方法获取。其中建筑物本底数据, 比如建筑物的面积、建筑物的楼层等信息通过清华园 2014 年校园现状的平面图及相关建设资料提取; 建筑物内部各耗水项的耗水定额通过在典型建筑物内部的耗水试验测定, 具体耗水项和耗水量监测方法见第 3 章 3.1.4 小节的描述; 建筑物内部各耗水项的人均耗水频次通过问卷调查获取。研究中, 共发放有效问卷 300 份, 回收 272 份有效问卷。问卷调查的对象是在清华园内生活、工作和学习的常驻人员。问卷的内容主要涉及人均每天各个耗水项的发生次数, 本研究中不考虑男女之间的差异, 将调查结果取均值作为本研究计算的取值。表 5-2 给出了建筑物内主要耗水定额的试验监测结果和问卷调查的耗水频次结果。

表 5-2   样本建筑物内部主要生活耗水频次和均值

主要生活耗水项	人均每天耗水次数	耗水均值（L/次）
厨房烹饪	3	2.20
沐浴	0.5	4.00
洗衣服	1	1.70
冲厕	5	0.25
盥洗	2	1.00
加湿器	1	2.00
盆栽绿植浇灌	0.5	0.80

假设清华园内的水体足够蒸发且水面静止，采用 Penman 公式计算水面蒸发，得出 2014 年蒸发量为 930.7mm。园内的绿地蒸散发包括土壤蒸发、植被蒸腾和植被冠层截留蒸发，其中植被蒸腾量和冠层截留蒸发量的计算面积等于区域总面积与植被覆盖率（清华园取 0.55）的乘积。计算结果显示土壤蒸发量为 258.8mm，植被蒸腾量为 488.9mm，对于冠层截留蒸发的强度，本研究基于沈竞等（2016）的研究结果，冠层蒸发强度取为植被蒸腾的 10%，即取值为 48.9mm。根据第 4 章 4.3.1 小节中不透水硬化地面的计算模型可以知道降雨径流系数是不透水地面蒸散发的关键参数，本研究参考《室外排水设计规范》等相关规范，取不透水地面（沥青、混凝土）的径流系数为 0.90，对于铺砖的人行道、广场等地面，径流系数取 0.55。根据《海绵城市建设技术指南》，选定 2mm 作为有效日降雨量的分界点，也就是说日降雨量超过 2mm 的降水才会产流。基于此计算得出清华园内不透水地面 2014 年的截留雨水蒸发强度是 189.9mm，铺砖的人行道、广场等地面的截留蒸发强度是 320.7mm。建筑物内部的耗水计算中，仅考虑了自来水供水，忽略了桶装水、瓶装水等来源，耗水计算主要包括人类日常用水过程产生的耗水和地面、墙壁等清洁湿润产生的耗水，得到单位面积的年耗水强度为 260.7mm。以上各类耗水项的年耗水强度值见图 5-3，其中建筑物的耗水强度是建筑物内部耗水强度与建筑物屋顶的耗水强度值之和，建筑物屋顶的耗水强度等于沥青、混凝土等不透水地面。

周琳（2015）针对清华园的耗水也进行了研究，分别计算了水面、草坪、树木、硬化地面、屋顶、建筑物内部的耗水/蒸散发强度，但是与本研究的计算方法不同，为此将本研究计算结果（2014 年）与周琳计算结果（2011 年）进行比较（表 5-3），结果显示水面蒸发和草坪蒸散发的结果不同。其他项结果也不同，

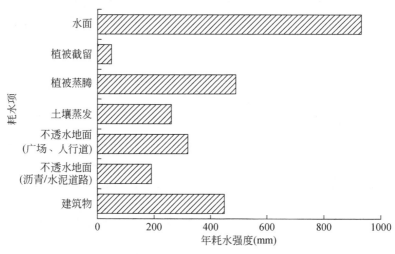

图 5-3　清华园各类耗水项的 2014 年耗水强度

但是本研究计算的耗水强度与周琳计算结果相近，说明本研究耗水计算模型的科学性与准确性。

表 5-3　本研究计算的耗水强度与周琳计算结果对比

耗水（蒸散发）项	周琳计算结果（mm）	本研究计算结果（mm）	周琳计算方法
水面	901. 54	930. 70	Penman 公式
草坪	574. 53	488. 90	FAO-Penman-Moteith
树木	238. 27 ~ 587. 74	488. 90 ~ 537. 80	文献借鉴，定额计算
硬化地面	172. 00 ~ 295. 00	189. 90 ~ 320. 70	经验方法
屋顶	110. 00	189. 90	经验方法
建筑物内部	277. 00	260. 70	经验系数法

　　基于图 5-3 中的耗水强度结果和图 5-2 中的面积比例计算分析各类耗水类型的耗水贡献率，见图 5-4。从图 5-4（a）的五大类下垫面耗水贡献率结果来看，绿地的贡献率最高，建筑物的贡献率次之，两者的耗水贡献率之和近 80%。为进一步细分具体耗水计算模型对应的耗水分类的贡献率，结合具体土地利用数据和耗水计算方法计算得出九小类耗水类型的贡献率，见图 5-4（b）。从九小类下垫面耗水贡献率结果来看，植被蒸腾的耗水贡献率最大，建筑物内部耗水贡献率

次之，广场、人行道等地面的耗水贡献率排名第三位。

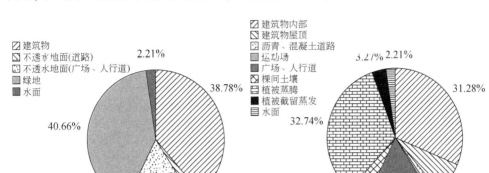

图 5-4 清华园 2014 年各类下垫面耗水贡献率

对比图 5-4 和图 5-3 可以发现，水面的蒸发强度最大，但是耗水贡献率却最小，这是因为水面的面积比例最小。绿地的面积比例虽然只排第三位，但是由于绿地的耗水强度仅次于水面，同时植被的覆盖率超过了 50%，绿地的贡献率最高。需要说明的是本研究在计算植被蒸腾和冠层截留蒸发时是按照植被覆盖率来计算的。结果显示建筑物内部的耗水贡献率比例与其面积比例相近，这说明建筑物内部的耗水代表了区域耗水的平均水平。对于硬化地面，虽然面积比例最大，但是由于耗水强度较小，贡献率小于绿地和建筑物。

从前面的结果来看，清华园 2014 年的综合耗水强度为 818.5mm，建筑物内部的耗水是区域耗水的重要组成部分。城市下垫面的耗水贡献率由不同下垫面类型面积比例和耗水强度共同决定。以第 2 章 2.4 节中水量平衡模型为基本方法，结合清华园具体情况及用水、排水数据进行验证分析。水量平衡验证中假设研究时段内地表储水量没有变化，地下水的补给量等于管道渗漏量。将模型计算值与水量平衡计算的耗水量的差值作为误差量，除以供水量和降水量之和，得到模型计算的误差率是 4.25%，说明了模型计算结果的可信性与准确性。

5.2.2 厦门市城市耗水计算研究

厦门市是我国五大经济特区之一，也是重要的风景旅游城市。地理位置是

117°53′E ~ 118°26′E, 24°23′N ~ 24°54′N。厦门市属亚热带海洋性季风气候，多年平均降水量为 1530 mm，全市降雨自西北向东南逐渐减少。厦门市陆地辖区由厦门湾沿岸大陆地区及厦门岛、鼓浪屿等岛屿组成，市辖土地面积共计 1699 km²，其中厦门岛土地面积约 141 km²。厦门市海域面积约 390 km²。作为我国改革开发的经济特区，厦门市发展迅猛，是我国快速城镇化的典型代表，2000 ~ 2015 年，厦门市城市建设用地（工业用地除外）的面积从 61km² 增加到 235km²，城镇人口从 4.78 万人增长到 168.18 万人。

为了研究城镇化进程中城市耗水结构的变化，本小节计算分析了厦门市 2000 年、2005 年、2010 年和 2015 年的建成区耗水变化。主要数据包括城市土地利用数据及结构、实测气象数据、人口、城市建设等社会统计数据、城市供排水数据等。数据的来源主要是《厦门市城市统计年鉴》《厦门市水资源公报》《厦门市城市规划管理技术规定》以及其他形式的资料，这些资料是由厦门市统计局、厦门市城市规划设计研究院、厦门市市政设计院、厦门市水务公司等官方部门和单位提供，确保了数据的可靠性。需要说明的是本研究中计算城市耗水的范围是城市的建成区域（不包含工业用地），因此选用的土地利用类型数据是城市建成区土地利用数据，2000 年、2005 年、2010 年、2015 年的城市区域土地利用类型结构见图 5-5。从图中可以看出各种土地利用类型的面积都在增大，其中居住用地、公共管理与服务用地、交通用地、商业用地等人类活动干扰的土地利用面积增长迅速。

基于城市土地利用类型的结构数据和《厦门市城市规划管理技术规定》计算得到每种耗水类型下垫面的面积及其比例，见图 5-6。从结果来看，2000 ~ 2015 年，厦门市城区建筑物屋顶的面积比例在持续增加，绿地的面积比例在下降，裸土的面积比例很小，水面和硬化地面的面积比例变化不明显。

运用城市耗水计算模型，结合厦门市 2000 年、2005 年、2010 年、2015 年的土地利用数据、气象数据、人口、用水量等数据计算厦门市建成区耗水量（Zhou et al.，2019）。由于建筑物的耗水率是一个区间值，因此在用水量固定的情况下，建筑物内部的耗水量也是一个区间值，根据耗水计算模型可以知道包含建筑物的土地利用类型的耗水量也是一个区间值。图 5-7 给出了厦门市除绿地以外其他土地利用类型的耗水强度取值区间。本研究中假设绿地中不包含建筑物耗水，因此绿地的耗水值是一个具体值而不是区间值。计算结果表明绿地的耗水强度最大，居住用地耗水强度仅次于绿地位居第二。图中结果显示商业用地和公共管理

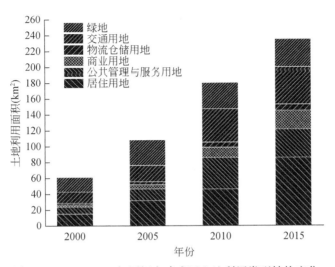

图 5-5 2000～2015 年厦门市建成区土地利用类型结构变化

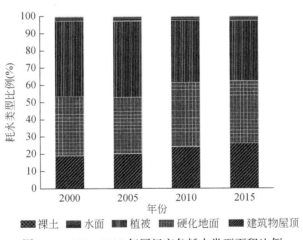

图 5-6 2000～2015 年厦门市各耗水类型面积比例

与服务用地的耗水强度取值区间较其他土地利用类型跨度大，主要原因是这两种土地利用类型中不同类型建筑物的用水定额差距较大。物流仓储用地和交通用地的耗水强度区间较小，主要是因为这两种用地中建筑物的比例较小，建筑物的用水量和耗水类型差异较小。居住用地的耗水定额区间范围较商业用地和公共管理与服务用地的范围小，主要原因是居住用地内的用水人员较为稳定，而后两者的人员流动性较大，同时建筑物用水量差异较大。

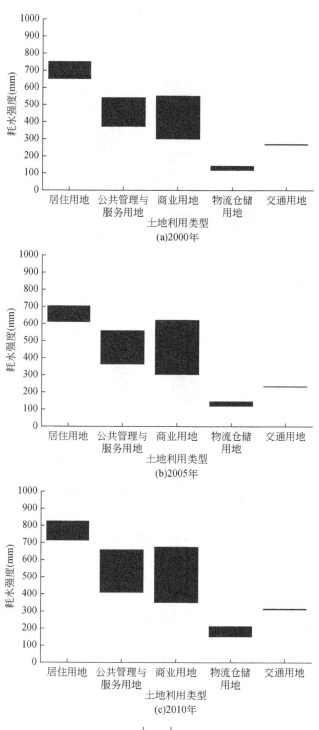

(a)2000年

(b)2005年

(c)2010年

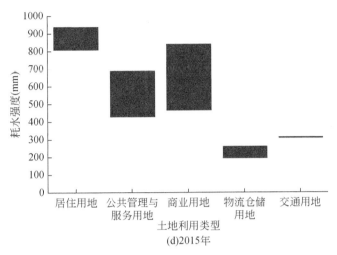

(d)2015年

图 5-7　2000～2015 年厦门市不同土地利用年耗水强度区间

　　结合土地利用类型的面积和对应的耗水强度，计算分析得到各土地利用类型的耗水贡献率。图 5-8 中的雷达图展示了厦门市不同土地利用类型面积比例和耗水贡献率。结果显示绿地的耗水贡献率不断减小，从耗水强度结果来看，绿地的耗水强度没有明显减小，主要原因是因为城市化进程中绿地的面积比例在减小。居住用地、商业用地、物流仓储用地等人类强活动区域的耗水贡献率在增加，主要原因是耗水强度和面积比例都在增加。公共管理用地和交通用地的耗水贡献率城市波动变化，主要原因是面积比例在波动变化（Zhou et al.，2019）。因此通过图 5-8 分析可知城市不同土地利用类型的耗水贡献率与面积比例和耗水强度紧密相关，其中面积比例的作用更为明显。

　　图 5-9 中给出了五种耗水类型的供水贡献率，是各类耗水类型的耗水强度和图 5-6 中耗水类型的面积比例计算分析的结果。从图中可以看出，绿地的耗水贡献率呈现加速下降趋势，建筑物的耗水贡献率则呈现加速增长的趋势，主要原因是建筑物屋顶的面积比例在持续增大，而绿地的面积比例在持续下降。同时计算结果也表明，由于建筑密度的增大和建筑物容积率的增大，以及人民生活水平的提高，建筑物内部用水量持续增加，建筑物内部的耗水强度也增大，硬化地面的耗水贡献率也在增大。由于水面面积比例下降，耗水贡献率在下降。裸土的面积比例一直都很小，而且几乎没有变化，因此贡献率变化不明显。

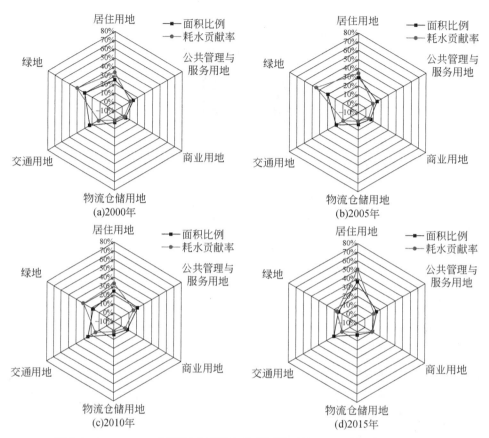

图5-8　2000～2015年厦门市不同土地利用类型的面积比例和耗水贡献率

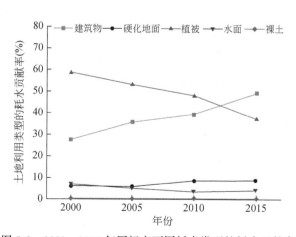

图5-9　2000～2015年厦门市不同耗水类型的耗水贡献率

　　根据对社会侧耗水和自然侧耗水的划分，建筑物和硬化地面人工洒水的耗水为社会侧耗水，其余的耗水为自然侧耗水，计算分析了厦门市在4个年份社会侧和自然侧的耗水量及社会侧的耗水贡献率（图5-10）。结果显示过去的15年，厦门市城区的自然侧和社会侧耗水量都迅速增长，但是社会侧的耗水量增长速度更快，所占比例也逐渐增大。2000～2015年，社会侧的耗水贡献率从24.79%增加到40.20%。

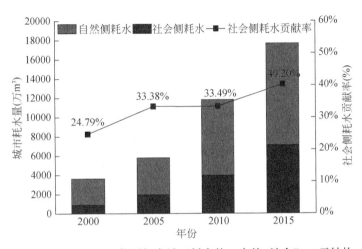

图5-10　2000～2015年厦门市城区耗水的"自然–社会"二元结构

　　为验证耗水计算模型的计算结果，以第2章2.4节中的水量平衡框架为基本方法，结合厦门市在2000年、2005年、2010年、2015年的供水、降水、排水等数据进行水量平衡分析。把人工供水与降雨量之和减去排水、耗水、地表径流量得到的差值作为误差，误差值除以供水与降雨量之和得到误差率，可以得到2000年、2005年、2010年、2015年的计算误差率分别7.63%、3.67%、3.35%、4.50%。从误差率来看，说明耗水计算模型计算结果比较合理，但是也存在一定范围的误差，其原因可能是模型参数的取值偏差或者其他统计资料的误差。

5.2.3　北京市城市耗水计算研究

　　在本书前面的研究中，基于城市建设、土地利用、人口及用耗水活动等方面的数据，运用城市耗水计算模型计算分析了单元尺度和城市尺度的耗水。通过研究发现由建筑物内部人类活动产生的耗水和硬化地面的蒸发组成的社会侧耗水在城市建成区中的耗水贡献率在持续增大。这部分耗水是城市二元水循环中的重要环节和城市水循环通量的重要组成部分，为进一步研究城市建成区和郊区的耗水特征差异，本节以北京市为例，运用城市耗水模型进行进一步研究。

北京市位于 $115°25'E \sim 117°35'E$，$39°28'N \sim 41°05'N$，多年平均降水量为585mm，全市土地总面积1.61万 km^2。北京市也是快速城镇化的典型代表，1949年的建成区面积约为100km^2，2014年建成区面积约为1260km^2，是1949年的12倍之多，北京市2014年常住人口为2151.6万人，城镇人口的数量也是1949年的12倍之多。从北京市城市结构及分区来看，北京市的核心城区分布在中心，其他区域及郊区分布在周边。北京的城六区包括东城区、西城区、朝阳区、海淀区、丰台区、石景山区，是北京的主城区，其中东城区和西城区又是全市的核心城区。考虑到北京市各城区发展水平差异，并且包含生态涵养区、发展区和高度城镇化区域，选择北京市作为典型城市进行耗水计算研究。

根据《北京市水资源公报》，2014年北京市水资源总量为20.25亿 m^3，人均水资源量为94m^3，是典型的严重缺水型城市。2014年北京市的降水量为439mm，比多年平均降水量低146mm。计算过程中，详细的气象数据是区域范围内气象站点实测的数据，在计算自然侧耗水，也就是植被、绿地和水面的蒸散发时，选择气象数据产品的日值数据进行计算。土地利用数据是基于2014年TM影像资料解译制作，分辨率是30m。土地利用类型包括耕地、草地、林地、水域、城镇及工矿用地以及未利用土地。

本研究以城区为单位进行城市耗水计算研究，因此基于北京市土地利用数据，结合北京市及其各区的统计年鉴资料和北京市国土资源统计资料，统计分析了北京市各个区县的土地利用类型的面积比例，见图5-11。从图中可以看出，城六区的城镇用地的面积比例都超过了55%，其中东城区和西城区两个核心城区的城镇用地比例超过了99%。郊区的林地、草地以及耕地的占比较大，城镇用地比例较小，其中延庆、门头沟等郊区的城镇用地比例小于5%，由此可以看出北京主城区与郊区的土地利用结构差异明显，具有较好的研究价值。

各个区县的城镇及工矿用地的用地类型基于北京市各区的统计资料和北京市统计年鉴进行细化分类，细化为城市耗水计算模型中的五类耗水类型（硬化地面、水面、建筑物、绿地和裸土）进行研究。图5-12展示了各个区城镇用地中除裸土以外的其他四种耗水下垫面类型的面积比例。

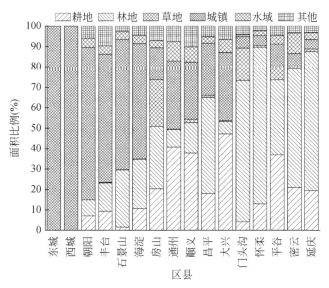

图 5-11　2014 年北京市各区县土地利用结构

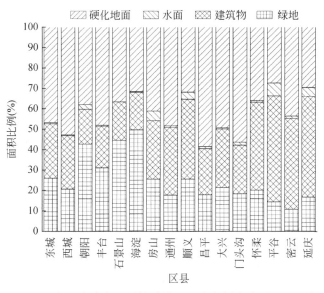

图 5-12　2014 年北京市各区城镇建设用地中各耗水类型地面面积比例

　　在城市耗水计算模型中，城镇用地中各类耗水类型的下垫面面积和常住人口数量等资料是重要的数据。其中人类日常生活用水活动是城市社会侧耗水的驱动力。人口密度是反应地区人口分布特征的重要指标，本研究基于《北京市统计年鉴》、《北京市分区统计年鉴》中的人口数据，统计分析了北京市 2014 年各区县的人口密度和建筑密度。从结果来看，北京市主城区的人口密度和建筑密度明显高于郊区，其中核心城区（东城和西城）比主城区内的其他四个区县的值高，见表 5-4。

表 5-4　北京市 2014 年各区的人口密度分布

城区	人口密度（人/km²）	城区	人口密度（人/km²）
东城	20000 ~ 26000	顺义	500 ~ 999
西城	20000 ~ 26000	昌平	1000 ~ 6999
朝阳	7000 ~ 19999	大兴	1000 ~ 6999
丰台	7000 ~ 19999	门头沟	0 ~ 499
石景山	7000 ~ 19999	怀柔	0 ~ 499
海淀	7000 ~ 19999	平谷	0 ~ 499
房山	500 ~ 999	密云	0 ~ 499
通州	1000 ~ 6999	延庆	0 ~ 499

将北京市土地利用类型划分成六种，分别是耕地、林地、草地、城镇、水域、其他用地，在计算全北京市域的耗水要以这六种土地利用类型分别进行计算研究，其中城镇建设用地的计算方法采用本研究提出的城市耗水计算模型进行计算，所采用的土地利用数据是图 5-12 中展示的各类耗水类型面积数据。对于植被蒸散发，前人研究结果表明 Penman-Monteith 公式计算效果较好，普适性较高（周晋军等，2017），而且《FAO-56 作物腾发量作物需水计算指南》（简称 FAO-56）中给出了不同类型作物的作物系数用于计算实际蒸散发。在本研究中，耕地蒸散发（刘家宏等，2018）、林地蒸散发（袁小环等，2014）、草地蒸散发（马美娟等，2018）的潜在量计算以 FAO 提供的 Penman-Monteith 公式为主，然后通过作物系数计算实际蒸散发（王秋云等，2016）。选用单作物模型进行实际蒸散发计算，同时为避免气象实测数据差异带来的误差，同时突出显示不同区域土地利用结构带来的蒸散发量的差异，本研究中不同区域相同土地利用类型的耗水强度取值相同（城镇用地除外）。水域的蒸发强度取值与城镇用地中水面蒸发强度相同。

FAO-56 中，单作物模型：

$$\mathrm{ET}_c = K_c \times \mathrm{ET}_0 \tag{5-2}$$

式中，ET_c 是植被日蒸发量，$mm \cdot d^{-1}$；K_c 是植被（作物）系数；ET_0 是参考作物蒸散发，$mm \cdot d^{-1}$。根据 FAO56 描述，参考作物基本情况是：高度 0.12m，反照率 0.23，表面阻抗 70s/m（吴锦奎等，2005；高云飞等，2016）。

$$ET_0 = \frac{0.408\Delta(R_n - G) + \gamma \dfrac{900}{T + 273} U_2(e_s - e_a)}{\Delta + \gamma(1 + 0.34U_2)} \tag{5-3}$$

式中，Δ 为温度-饱和水汽压关系曲线斜率，$kPa/℃$；R_n 为净辐射量，$MJ/(m^2 \cdot d)$；G 为地表净辐射，$MJ/(m^2 \cdot d)$；γ 为干湿表常数，$kPa/℃$；T 为日平均气温，$℃$；U_2 为 2m 高处的风速，m/s；e_s 为饱和水汽压，kPa；e_a 为实际水汽压，kPa。

计算潜在蒸散发所需的气象数据选用清华园气象站实测日值数据，主要包括降水、气温、风速、大气压、相对湿度、日照时数等。植被系数的选取是基于经验法，同时借鉴和参考相关文献及 FAO-56 中的相关说明，所选取的系数取值见表 5-5。

表 5-5 林地、草地、耕地的植被（作物）系数取值

月份	K_c（林地）	K_c（草地）	K_c（耕地）
1	0.15	0.15	0.15
2	0.15	0.15	0.15
3	0.15	0.15	0.15
4	0.2 ~ 0.5	0.2 ~ 0.5	0.15
5	0.5 ~ 0.8	0.5 ~ 0.7	0.2 ~ 0.5
6	0.8 ~ 1.0	0.7 ~ 0.9	0.5 ~ 0.7
7	1.0 ~ 1.2	0.9 ~ 1.0	0.8 ~ 1.1
8	1.0 ~ 0.9	1.0 ~ 0.8	0.9 ~ 0.7
9	0.9 ~ 0.7	0.8 ~ 0.6	0.7 ~ 0.5
10	0.5 ~ 0.3	0.4 ~ 0.3	0.3 ~ 0.2
11	0.3 ~ 0.2	0.2 ~ 0.15	0.15
12	0.15	0.15	0.15

基于以上数据和计算方法，得到北京市 2014 年各种土地利用类型的耗水强度（表 5-6），从结果来看，水面的耗水强度最高，林地、草地的耗水强度次之，其他用地的耗水强度最低，主要是交通用地等。城镇建设用地的耗水强度在 480mm 左右，需要说明的是这是北京市所有城镇用地的综合耗水强度，具体说就

是北京市各个区的城镇建设用地耗水强度经过面积加权得到的值。这个综合耗水强度低于耕地、林地、草地的耗水强度。

表5-6　北京市不同土地利用类型的年耗水强度分布

土地利用类型	耗水强度（mm）
水面	650~950
林地、草地	520~649
水田、旱地	490~519
城镇建设用地	440~489
其他用地	0~439

　　基于各土地利用类型的耗水强度和各区城镇建设用地的耗水强度值，结合各区的土地利用结构，通过面积加权计算得到北京市各区2014年的耗水强度见（表5-7）。可以看出主城区的耗水强度高于周边其他区域，其中核心城区（东城区和西城区）的耗水强度均高于800mm，明显高于主城区的其他四个区和郊区的耗水强度。作为生态涵养区的门头沟、怀柔、延庆、密云等远郊区域的耗水强度高于城市发展新区的通州、大兴、顺义，而且这三个区的耗水强度是最低的，在500mm以下。通过这些结果我们可以分析认为，在高度城镇化的核心城区、主城区，耗水强度会高于生态涵养区的蒸散发强度值，而城市发展新区的耗水强度明显低于主城区和生态涵养区。生态涵养区是人类活动和干扰较小的区域，其耗水以自然侧的蒸散发为主，而主城区是社会侧的耗水为主，特别是核心城区，城镇用地的比例接近100%，人口密度超过20000人/km^2，耗水的主要贡献是人类用水活动引起的社会侧耗水。这说明从生态涵养阶段到城市发展阶段再到高度城镇化阶段，区域的耗水强度会高先降低，然后再升高，并且可能会高于初始状态的生态涵养阶段的耗水强度。

表5-7　北京市各区2014年综合耗水强度

城区	耗水强度（mm）	城区	耗水强度（mm）
东城	800~900	顺义	450~500
西城	800~900	昌平	500~550
朝阳	600~700	大兴	450~500

城区	耗水强度（mm）	城区	耗水强度（mm）
丰台	550～600	门头沟	550～600
石景山	600～700	怀柔	330～600
海淀	600～700	平谷	500～550
房山	500～550	密云	550～600
通州	450～500	延庆	550～600

5.3　本章小结

本章集成了第3章和第4章不同类型的耗水计算方法，组建了城市耗水计算模型，以北京市和厦门市为例，开展了模型的应用研究。

（1）结合城市土地利用类型和城市表面耗水类型的划分，构建了基于城市土地利用的城市耗水计算框架，组建了基于城市土地利用类型的耗水计算模型。该模型具有"双源-多层-混合"的特性，其中的"双源"是指用水来源包括天然降水和人工供水两个来源。"多层"是指在计算城市耗水过程中，考虑了建筑物内部和建筑物屋顶、植被冠层和植被蒸腾以及棵间土壤蒸发，对于道路两侧种植树木的情况，在计算过程中也考虑了分层耗水特性。"混合"是指模型中既包含水量约束性计算又包括能量水量共同约束的蒸散发计算方法。

（2）以清华园为例开展单元层面的耗水计算研究，结果表明植被蒸腾类型的耗水贡献率最大，建筑物内部耗水贡献率居第二位。分析结果表明耗水类型的贡献率由各类耗水类型的面积占比和耗水强度共同决定。以厦门市和北京市为例，开展城市尺度耗水计算研究。其中厦门市研究中，计算了厦门市建成区2000年、2005年、2010年、2015年这四个年份的耗水，结果表明居住用地、商业用地的耗水强度在增加，同时面积比例也在增加，因此耗水贡献率也在增加。综合来看，2000～2015年，厦门市以建筑物内部耗水为主的社会侧耗水贡献率在增大。在北京市耗水计算中，以北京市城市分区为单位，计算分析各区县在2014年城市耗水特征，探究处于不同城市建设程度的北京各城区的城市耗水特征。结果表明北京市东城和西城这两个核心城区的耗水强度明显高于其他区域。延庆、密云、怀柔等生态涵养区的耗水强度高于通州、大兴等处于城镇化中期的区域。

第6章 | 总结与展望

6.1 主要研究成果

本书围绕城市耗水的机理及其计算问题开展研究，明确提出了城市耗水的概念和定义，解析了城市耗水的过程和机理，构建了城市耗水的分析框架体系。以水量平衡为基本原则，从微观尺度、单元尺度和城市尺度三个层面开展城市耗水计算研究，建立了不同类型城市耗水的计算模型。通过试验监测、调查统计等方法获取一手的相关数据，分别从三个层次开展城市耗水计算的应用研究。本书研究的主要结论总结如下。

1) 提出了"城市耗水"的概念，给出了城市耗水的定义，解析了城市耗水的过程，构建了城市耗水基本分析框架。

（1）明确了城市耗水的概念，描述了城市耗水的内容及其形式，将城市耗水划分为水消耗和水耗散两种，在本书中假设水耗散的意义等同于传统意义上的蒸散发。

（2）将城市耗水划分为建筑物内部耗水和露天耗水，在本书中近似认为建筑物内部耗水是社会侧的耗水，露天的耗水是自然侧的耗水，等同于地表蒸散发。

（3）基于城市耗水的观测研究和城市耗水的特征分析，将城市下垫面划分为建筑物、硬化地面、裸土、植被、水面五类，构建了城市耗水分析框架体系。

（4）结合城市用水的多种来源和去向，建立了考虑城市耗水的水量平衡框架体系，为城市耗水计算模型研究提供理论和技术支撑。

2) 提出了建筑物内部耗水的概念，明确了建筑物内部耗水的定义，划分了建筑物内部耗水的类型，分析了建筑物内部耗水的意义，建立了建筑物内部耗水计算模型。自主设定试验方案和部分试验设备，测定建筑物内部的用水、耗水过程，为耗水模型提供数据支撑。

（1）通过对典型住宅楼、办公楼内部的耗水开展试验监测，充分证实了建筑物用水过程中存在耗水现象，通过监测排水量和用水量，测定了典型建筑物的排水系数，印证了相关标准规范中排水系数取值的合理性。

（2）明确提出了"建筑物耗水"概念，解析了建筑物内部耗水机理，建立建筑物耗水计算模型。通过试验测定建筑物内部典型耗水项的耗水定额和耗水比例，结合《建筑给水排水设计规范》计算得到了城市典型功能建筑物的日耗水定额和主要功能建筑物的耗水系数取值区间。

（3）建筑物耗水是室内的湿度或者水汽的主要来源，以相对湿度、温度为主要参数，建立了室内水汽含量的计算模型。以试验监测的住宅建筑物为对象，分析了居民家庭不同房间的水汽耗散特征，结果表明卫生间的水汽耗散贡献率最大，其次是厨房和卧室，对于烹饪活动较少的家庭，厨房的水汽贡献率与卧室相近。

（4）建立了考虑气候、经济发展等因子的城市生活用水指标计算模型，并收集了我国南北不同气候带、不同经济发展水平的 12 个城镇的人均 GDP、气温、现状用水定额等数据，采用分组寻优的办法，率定了 4 个主要参数的数值。率定的模型通过了 31 个省级行政中心城市用水指标计算的检验，计算结果和调研值的差别在 10% 以内的城市占 55%，其余 45% 中，有 32% 是现状用水定额高于模拟值，13% 是现状用水定额低于模拟值。

3）本书中近似认为城市露天耗水等于城市地表蒸散发，将城市地表划分为硬化地面、裸土、植被和水面开展蒸散发研究，其中硬化地面包括建筑物屋顶。将硬化地面划分为不透水硬化地面和透水硬化地面，针对不透水硬化地面开展截留雨水监测试验，针对透水硬化地面开展降雨入渗和土壤水分监测试验，基于水量约束的准则，建立硬化地面的蒸发计算模型。

（1）选取沥青地面、混凝土地面、铺砖地面作为不透水地面的典型地面进行截留雨水试验监测，结果表明沥青地面的持水深度高于其他地面，但是三种不透水地面的最大截水深度均小于 1mm。

（2）搭建透水混凝土路面模型试验平台，监测混凝土及下层土壤含水量变化，结果表明透水混凝土及其下层土壤中的水分呈现波动式下降趋势，与对照组（裸土、天然植被下）的土壤相比，土壤水分降低速率较慢，说明透水混凝土下层的土壤存在蒸发，但具有间歇性和周期性。

（3）裸土、植被和水面的蒸散发计算选用 Penman 公式及其修正公式，对于植被蒸散发划分为植被冠层截留蒸发和植被蒸腾两部分。城市植被蒸散发计算按照植被覆盖率来计算，这个值要高于城市的绿地面积比例，因为城市道路两边的树木属于前者的统计范围。计算所需的气象数据源自城市区域气象站实测的数据。

4）建立了基于土地利用类型的城市耗水计算模型，以清华园、厦门市、北京市为例开展城市耗水计算模型的应用研究。

（1）基于《城市规划管理规定》等相关规范，选取我国城市规划建设的主要土地利用类型，结合城市不同耗水项的计算模型，搭建了城市耗水计算模型框架。

（2）清华园的城市耗水研究结果表明，城市耗水量比传统城市蒸散发计算结果高出 300～400mm，高出的这部分量主要是建筑物内部耗水以及人类活动对城市地表蒸散发的干扰。清华园中绿地的耗水贡献率最大，其次是建筑物的耗水，其中建筑物内部耗水占主要成分。

（3）厦门市 2000 年、2005 年、2010 年、2015 年的城市耗水计算结果表明以建筑物内部耗水为主的社会侧的耗水贡献率在持续上升。随着城镇化强度增大，城市居住用地、商业用地的耗水强度在逐年增大，同时由于居住用地和商业用地的面积比例也在上升，因此这些强人类活动区域的耗水贡献率在增大。公共管理与服务用地的耗水取值区间分布最为广泛，主要原因是该土地利用类型中的建筑物是公共服务性建筑物为主，这类建筑物人员流动性较大，而且不同服务功能建筑物的耗水定额差距较大。

（4）北京市的城市耗水计算结果表明核心城区的城市耗水强度明显高于其他城区。两个核心城区（东城和西城）的城市建成区比例是 100%，不存在耕地、林地等土地利用，因此其综合耗水强度值就等于区域的城市耗水强度。在自然侧耗水强度相同的情况下，个别主城区的综合耗水强度接近或略低于生态环境较好的郊区综合耗水强度。

6.2　研究的不足与展望

本书围绕城市耗水问题开展了一系列研究，通过文献调研、试验监测、调查统计、数据挖掘等方法研究城市耗水过程，解析城市耗水机理，提出了城市耗水的基本分析框架和城市耗水计算模型。但是关于城市耗水问题的研究还处于初步阶段，这些研究成果还需要广大同行学者的验证和考究。

本书的研究也存在几点不足之处。首先是研究建筑物内部耗水问题中，由于生产性建筑物内部的用水和耗水的行业特征明显，以及研究时间和精力有限，未能对城市工业用水产生的耗水进行系统性研究。其次，本研究选择北京市和厦门市作为代表性研究区域，一方面是基于地理位置和气候特征考虑分别代表中国北方城市和南方城市；另一方面的考虑是，北京作为特大型城市的代表，厦门市作为快速城镇化的代表。但是由于试验条件和时间的限制，在建筑物内部耗水项试验研究中研究地点只选择了北京，在以后的研究中会加以补充和完善。再次就是在本研究中将人工灌溉用水折算成降雨数据，作为 Penman 公式的输入进行植被蒸散发计算，但是目前植被蒸散发计算公式对于降雨数据的敏感程度较低，不能很好地反映人工灌溉用水的蒸散发贡献量，需要在今后研究中加以完善相关研究。

根据本书的研究情况以及研究的不足之处，认为关于城市耗水的研究还需要在以下几个方面继续深入开展。

（1）本书针对建筑物内部耗水、硬化地面蒸散发开展了试验监测，但由于时间和试验条件限制，相关试验主要在研究区域北京市选择典型建筑物和地表开展，因此城市耗水相关的试验监测以及其他城市水文要素的监测需要加强，这是城市耗水和城市水文研究的重要支撑和科学保障。

（2）本书提出了建筑物内部耗水的概念，解析了建筑物耗水过程，基于定额法建立了建筑物耗水计算模型，区分了建筑物内部的水消耗和水耗散特征，但是对于建筑物内部的水汽耗散的过程、模式以及与室外空气的流通交换等问题仍需要深入开展研究，这对于解释建筑物内部耗水的水文效应具有重要的研究价值。本研究中建筑物耗水的影响因素没有考虑污水水质特征，今后的研究中有必要设置相关试验，开展研究。

（3）本书中基于城市土地利用类型建立了城市耗水计算模型，这样的模型计算得出的结果有助于城市规划设计工作和城市水资源精细化管理工作开展，但同时对城市规划建设资料有一定的要求。对于没有或者缺乏城市地表资料的城市可以尝试通过航拍影像或者高清遥感数据获取城市下垫面数据，识别城市不同耗水类型的下垫面，开展城市耗水计算研究。

参 考 文 献

敖靖. 2014. 城市透水性铺装系统对局地热湿气候调节作用的研究. 哈尔滨：哈尔滨工业大学硕士学位论文.

陈家琦, 王浩, 杨小柳, 等. 2002. 水资源学. 北京：科学出版社.

陈建刚, 张书函, 丁跃元, 等. 2007. 基于雨洪利用的不同下垫面降雨产流规律研究. 水利水电技术, 38 (11)：87-91.

陈立欣, 李湛东, 张志强, 等. 2009. 北方四种城市树木蒸腾耗水的环境响应. 应用生态学报, 20 (12)：2861-2870.

陈似蓝, 刘家宏, 王浩. 2016. 城市水资源需求场理论及应用初探. 科学通报, 61 (13)：1428.

陈爽, 张秀英, 彭立华. 2006. 基于高分辨卫星影像的城市用地不透水率分析. 资源科学, 28 (2)：41-46.

陈晓光, 徐晋涛, 季永杰. 2007. 华北地区城市居民用水需求影响因素分析. 自然资源学报, 22 (2)：275-280.

褚俊英, 陈吉宁, 王灿. 2007. 城市居民家庭用水规律模拟与分析. 中国环境科学, 27 (2)：273-278.

崔香. 2011. 城市景观植物耗水规律及其生态修复的试验研究. 青岛：中国海洋大学硕士学位论文.

邓晓军, 谢世友, 王李云, 等. 2008. 城市水足迹计算与分析——以上海市为例. 亚热带资源与环境学报, 3 (1)：62-68.

董琳. 2007. 城市居民生活用水的阶梯式计量水价研究. 西安：西安理工大学硕士学位论文.

冯景泽. 2012. 遥感蒸散发模型参照干湿限机理及其应用研究. 北京：清华大学博士学位论文.

高学睿, 陆垂裕, 秦大庸, 等. 2012. 基于 URMOD 模型的市区蒸散发模拟与遥感验证. 农业工程学报, 28 (s1)：117-123.

高云飞, 赵传燕, 王清涛, 等. 2016. 祁连山中部亚高山草地作物系数估算. 中国沙漠, 36 (5)：1419-1425.

郭伟, 刘洪福, 张文清. 1998. 佳木斯市城市蒸散发量计算. 黑龙江大学工程学报, (3)：51-53.

郭晓寅, 程国栋. 2004. 遥感技术应用于地表面蒸散发的研究进展. 地球科学进展, 19 (1)：107-114.

何慧凝. 2010. 北京市需用水规律研究. 北京：清华大学硕士学位论文.

何建国, 程健敏, 赵立群. 1986. 车辆道路洒水抑尘效果初探. 交通环保, (1)：15-17.

黄显峰, 邵东国, 魏小华. 2007. 基于水量平衡的城市雨水利用潜力分析模型. 武汉大学学报（工学版）, 40 (2)：17-20.

贾绍凤，王国，夏军，等．2003．社会经济系统水循环研究进展．地理学报，58（2）：
　　255-262．

江昼．2010．城市地面硬化弊端及其解决途径．城市问题，(11)：48-51．

金玲，孟庆林．2004．地面透水性对室外热环境影响的试验分析．全国建筑物理学术会议．

敬书珍．2009．基于遥感的地表特性对地表水热通量的影响研究．北京：清华大学硕士学位
　　论文．

李丽华，郑新奇，象伟宁．2008．基于 GIS 的北京市建筑密度空间分布规律研究．中国人口·
　　资源与环境，18（1）：122-127．

李琳，左其亭．2005．城市用水量预测方法及应用比较研究．水资源与水工程学报，(3)：6-10．

李树平，余蔚茗．2009．城市水量平衡模型．2009 中国可持续发展论坛暨中国可持续发展研究
　　会学术年会论文集（下册）．

李振．2009．济南市降雨入渗及下垫面产汇流特性研究．山东建筑大学硕士学位论文．

梁曦．2009．城市草坪冠层降水截留与消散动态研究．北京：北京林业大学硕士学位论文．

梁于婷．2014．降雨径流系数影响因素的试验研究．长沙：湖南大学硕士学位论文．

刘昌明，刘小莽，郑红星．2008．气候变化对水文水资源影响问题的探讨．科学对社会的影响，
　　(2)：21-27．

刘慧娟，卫伟，王金满，等．2015．城市典型下垫面产流过程模拟试验．资源科学，37（11）：
　　2219-2227．

刘家宏，王建华，李海红，等．2013．城市生活用水指标计算模型．水利学报，44（10）：
　　1158-1164．

刘家宏，王建华，栾清华，等．2015-05-13．一种间歇流的监测设备．北京：CN104614030A．

刘家宏，周晋军，邵薇薇．2018．城市高耗水现象及其机理分析．水资源保护，34（3）：17-
　　21，29．

刘劲旋，林卫文，叶小舟．2005．波轮式洗衣机节水研究．2005 泛珠三角企业自动化与信息化
　　技术应用大会．

刘文娟．2011．应用遥感方法估算区域实际蒸散量的时空变异性．杨凌：西北农林科技大学博
　　士学位论文．

刘艳丽，王全九，杨婷，等．2015．不同植物截留特征的比较研究．水土保持学报，29（3）：
　　172-177．

刘治学，张鑫，王颖华．2012．包头市市区居民生活用水量预测分析．水资源与水工程学报，
　　23（5）：67-70．

龙秋波，贾绍凤，汪党献．2016．中国用水数据统计差异分析．资源科学，38（2）：248-254．

马凤莲，丁力，王宏．2009．承德市干湿岛效应及其城市化影响分析．气象与环境学报，
　　25（3）：14-18．

马美娟，景元书，Leila Cudemus，等.2018.稻田蒸散估算方法及灌溉影响分析.灌溉排水学报，37（2）：82-88.

潘文祥.2017.城市家庭生活用水特征与过程精细化模拟研究.杨凌：西北农林科技大学硕士学位论文.

潘娅英，陈文英，郑建飞.2007.丽水市大气环境中的城市干、湿岛效应初探.干旱环境监测，（4）：210-215.

邱国玉，王帅，吴晓.2006.三温模型——基于表面温度测算蒸散和评价环境质量的方法 I.土壤蒸发.植物生态学报，30（2）：231-238.

屈利娟，王靖华，陈伟，等.2015.高等院校典型建筑用水量特征分析与探讨.给水排水，（9）：60-64.

全艳嫦.2012.城市草坪水汽通量与蒸散量的变化特征分析.北京：北京林业大学硕士学位论文.

Robert I，Kabacoff，et al.2016.R语言实战（第2版）.王小宁，刘撷芯，黄俊文，等，译.北京：人民邮电出版社.

沈竞，张弥，肖薇，等.2016.基于改进 SW 模型的千烟洲人工林蒸散组分拆分及增长潜力分析.西北农林科技大学学报（自然科学版），44（5）：1-6.

孙福宝.2007.基于 Budyko 水热耦合平衡假设的流域蒸散发研究.北京：清华大学博士学位论文.

孙宇，吴国平，刘东.2013.中心城区不透水地面的自动提取——以南京中心城区提取为例.遥感信息，28（6）：66-71.

唐婷，冉圣宏，谈明洪.2013.京津唐地区城市扩张对地表蒸散发的影响.地球信息科学学报，15（2）：233-240.

田富强，程涛，芦由，等.2018.社会水文学和城市水文学研究进展.地理科学进展，37（1）：46-56.

王大哲.1995.城市生活用水量预测方法探讨.西安建筑科技大学学报，（4）：360-364.

王浩，贾仰文.2016.变化中的流域"自然–社会"二元水循环理论与研究方法.水利学报，47（10）：1219-1226.

王浩，贾仰文，杨贵羽，等.2013.海河流域二元水循环及其伴生过程综合模拟.科学通报，58（12）：1064-1077.

王建华，王浩，等.2014.社会水循环原理与调控.北京：科学出版社.

王秋云.2016.基于 SEBAL 模型的北京平原造林区蒸散发量研究.南昌：东华理工大学硕士学位论文.

王瑞辉，钟飞霞，马履一.2011.北京城市绿化2种常见草坪的蒸散特性.林业科学，47（11）：194-198.

王莹，陈远生，翁建武，等. 2008. 北京市城市公共生活用水特征分析. 给水排水，34（11）：138-143.

王颖，余瑞卿，李湛东，等. 2005. 城市片林中常见树种的蒸腾耗水特性研究综述. 内蒙古农业大学学报（自然科学版），26（3）：115-119.

王颖. 2004. 北京地区常见城市绿化树种蒸腾耗水特性的研究. 北京：北京林业大学硕士学位论文.

吴锦奎，丁永建，沈永平，等. 2005. 黑河中游地区湿草地蒸散量试验研究. 冰川冻土，27（4）：582-590.

武晟. 2004. 西安市降雨特性分析和城市下垫面产汇流特性试验研究. 西安：西安理工大学硕士学位论文.

夏树威，王涤平，刘海. 2009. 建筑中水系统水量平衡计算探讨. 给水排水，35（7）：80-82.

夏婷. 2016. 遥感降雨和蒸散发模型鲁棒性研究. 北京：清华大学博士学位论文.

熊立华，闫磊，李凌琪，等. 2017. 变化环境对城市暴雨及排水系统影响研究进展. 水科学进展，28（6）：930-942.

熊育久. 2011. 基于三温模型的蒸散发遥感反演方法研究. 广州：中山大学博士学位论文.

杨大文，丛振涛，尚松浩，等. 2016. 从土壤水动力学到生态水文学的发展与展望. 水利学报，47（3）：390-397.

杨雨亭. 2013. 植被非均匀覆盖下垫面蒸散发模型及应用研究. 北京：清华大学博士学位论文.

杨雨亭，尚松浩. 2012. 双源蒸散发模型估算潜在蒸散发量的对比. 农业工程学报，28（24）：85-91.

易永红. 2008. 植被参数与蒸发的遥感反演方法及区域干旱评估应用研究. 北京：清华大学博士学位论文.

尹剑红. 2016. 广州市 11 种园林地被植物冠层截留特征研究. 广州：仲恺农业工程学院硕士学位论文.

余蔚茗. 2008. 城市水系统水量平衡模型与计算. 上海：同济大学硕士学位论文.

余蔚茗，李树平. 2007. 基于水量平衡的管道漏损分析. 全国城镇供水管网暨配水系统安全与技术发展战略研讨会.

袁小环，杨学军，陈超，等. 2014. 基于蒸渗仪实测的参考作物蒸散发模型北京地区适用性评价. 农业工程学报，30（13）：104-110.

翟俊，侯鹏，蔡明勇，等. 2016. 成都市城市热岛与地表水热状况时空变化特征. 2016 中国环境科学学会学术年会论文集（第四卷）.

占车生，李玲，王会肖，等. 2011. 台湾地区蒸散发的遥感估算与时空分析. 遥感技术与应用，26（4）：405-412.

占车生，尹剑，王会肖，等. 2013. 基于双层模型的沙河流域蒸散发定量遥感估算. 自然资源学报, 28 (1): 161-170.

张建云, 王银堂, 贺瑞敏, 等. 2016. 中国城市洪涝问题及成因分析. 水科学进展, 27 (4): 485-491.

张俊娥, 陆垂裕, 秦大庸, 等. 2012. 面向对象模块化的分布式水文模型 MODCYCLE II: 模型应用篇. 水利学报, 43 (11): 1287-1295.

张尚印, 徐祥德, 刘长友, 等. 2006. 近40年北京地区强热岛事件初步分析. 高原气象, 25 (6): 1147-1153.

张文娟, 张志强, 李湛东, 等. 2009. 北方城市森林建设典型灌木树种蒸腾耗水特. 干旱区资源与环境, 23 (7): 131-136.

张志果, 邵益生, 徐宗学. 2010. 基于恩格尔系数与霍夫曼系数的城市需水量预测. 水利学报, 41 (11): 1304-1309.

赵志明. 2015. 京津唐城市密集区地表蒸散研究. 北京: 中国地质大学硕士学位论文.

郑文武. 2012. 城市地表蒸散发遥感反演研究. 长沙: 中南大学博士学位论文.

郑祚芳, 范水勇, 王迎春. 2006. 城市热岛效应对北京夏季高温的影响. 应用气象学报, 17 (b08): 48-53.

周健. 2012. 植被冠层截留量模型的多元回归分析. 成都: 电子科技大学硕士学位论文.

周晋军, 刘家宏, 董庆珊, 等. 2017. 城市耗水计算模型. 水科学进展, 28 (2): 276-284.

周丽英, 杨凯. 2001. 上海降水百年变化趋势及其城郊的差异. 地理学报, (4): 467-476.

周琳. 2015. 北京市城市蒸散发研究. 北京: 清华大学硕士学位论文.

周淑贞, 张超. 1982. 上海城市热岛效应. 地理学报, (4): 372-382.

朱冰. 2016. 基于人工神经网络模型的盘锦市蒸散发演变规律研究. 吉林水利, (12): 16-18.

朱钦, 苏德荣. 2010. 草坪冠层特征对蒸散量影响的研究进展. 草地学报, 18 (6): 884-890.

朱妍. 2005. 城市绿化树种不同密度苗木的耗水特性研究. 北京: 北京林业大学硕士学位论文.

朱永杰, 毕华兴, 霍云梅, 等. 2014. 草冠截留影响因素及其测定方法对比研究综述. 中国农学通报, 30 (34): 117-122.

朱仲元. 2005. 干旱半干旱地区天然植被蒸散发模型与植被需水量研究. 呼和浩特: 内蒙古农业大学博士学位论文.

Allen R G, Tasumi M, Morse A, et al. 2005. Satellite-based evapotranspiration by energy balance for western states water management. Impacts of Global Climate Change. ASCE.

Aly A H, Wanakule N. 2004. Short-term forecasting for urban water consumption. Journal of Water Resources Planning & Management, 130 (5): 405-410.

Balling R C, Gober P, Jones N. 2008. Sensitivity of residential water consumption to variations in climate: An intraurban analysis of Phoenix, Arizona. Water Resources Research, 44 (44): 297.

Barton A B, Smith A J, Maheepala S, et al. 2009. Advancing IUWM through an understanding of the urban water balance. Cairns, Australia: 18th World IMACS/MODSIM Congress.

Bastiaanssen W G M, Menenti M, Feddes R A, et al. 1998. The surface energy balance algorithm for land (SEBAL): Part 1 formulation. Journal of Hydrology, 212 (98): 801-811.

Bhaskar A S, Welty C. 2012. Water balances along an urban-to-rural gradient of metropolitan baltimore, 2001–2009. Environmental & Engineering Geoscience, 18 (1): 37-50.

Bonan G B. 2002. Ecological climatology: concepts and applications. New York: Cambridge University Press.

Chang H, Parandvash G H, Shandas V. 2010. Spatial variations of single-family residential water consumption in Portland, Oregon. Urban Geography, 31 (7): 953-972.

Chapagain A K, Hoekstra A Y. 2002. Virtual water trade: A quantification of virtual water flows between nations in relation to international crop trade. J Org Chem, 11 (7): 835-855.

Chen L, Zhang Z, Li Z, et al. 2011. Biophysical control of whole tree transpiration under an urban environment in Northern China. Journal of Hydrology, 402 (3): 388-400.

Cheng C L, Peng J J, Ho M C, et al. 2016. Evaluation of water efficiency in green building in Taiwan. Water, 8 (6): 236.

Cong Z T, Shen Q N, Lin Z, et al. 2017. Evapotranspiration estimation considering anthropogenic heat based on remote sensing in urban area. Science China Earth Sciences, 60 (4): 659-671.

Cui Y P, Liu J Y, Hu Y F. 2012. Modeling the radiation balance of different urban underlying surfaces. Chinese Science Bulletin, 57 (9): 1046-1054.

Duan H, Yu G P. 2006. Improved hybrid genetic algorithms for optimal scheduling model of urban water-supply system. Journal of Tongji University, 34 (3): 377-381.

Farooqui T A, Renouf M A, Kenway S J. 2016. A metabolism perspective on alternative urban water servicing options using water mass balance. Water Research, 106: 415.

FiRat M, Turan M E, Yurdusev M A. 2010. Comparative analysis of neural network techniques for predicting water consumption time series. Journal of Hydrology, 384 (1): 46-51.

Friedman A. 2012. Water Efficiency. Fundamentals of Sustainable Dwellings. Washington: Island Press.

Grimmond C S B, Oke T R. 1991. An evapotranspiration-interception model for urban areas. Water Resources Research, 27 (7): 1739-1755.

Grimmond C S B, Oke T R. 1999. Evapotranspiration rates in urban areas. Impacts of Urban Growth on Surface Water & Groundwater Quality. Birmingham: IAHS Publicotions.

Grimmond C S B, Oke T R, Steyn D G. 1986. Urban water balance I: A model for daily totals. Water Resources Research, 22 (10): 1397-1403.

Grimmond C S B, Salmond J A, Oke T R, et al. 2004. Flux and turbulence measurements at a densely built-up site in Marseille: Heat, mass (water and carbon dioxide), and momentum.

Journal of Geophysical Research Atmospheres, 109 (D24101): 1-19.

Grimmond C S B, Blackett M, Best M J, et al. 2010a. The international urban energy balance models comparison project: First results from phase 1. Journal of Applied Meteorology & Climatology, 49 (2010): 1268-1292.

Grimmond C S B, Roth M, Oke T R, et al. 2010b. Climate and more sustainable cities: climate information for improved planning and management of cities (Producers/capabilities perspective). Procedia Environmental Sciences, 1 (1): 247-274.

Grimmond C S B, Oke T R, Steyn D G. 2011. Urban water balance: 1. A model for daily totals. Water Resources Research, 22 (10): 1397-1403.

Gutierrez-Escolar A, Castillo-Martinez A, Gomez-Pulido J M, et al. 2014. A new system for households in Spain to evaluate and reduce their water consumption. Water, 6 (1): 181-195.

Hénon A, Mestayer P G, Lagouarde J P, et al. 2012. An urban neighborhood temperature and energy study from the CAPITOUL experiment with the Solene, model. Theoretical & Applied Climatology, 110 (1-2): 197-208.

House-Peters L, Pratt B, Chang H. 2010. Effects of urban spatial structure, sociodemographics, and climate on residential water consumption in Hillsboro, Oregon 1. Jawra Journal of the American Water Resources Association, 46 (3): 461-472.

Humes K S, Kustas W P, Moran M S, et al. 1994. Variability of emissivity and surface temperature over a sparsely vegetated surface. Water Resources Research, 30 (5): 1299-1310.

Hutcheon R J. 1968. Observations of the Urban Heat Island in a Small City. Bull. Am. Met. Soc, 48.

IPCC. 2014. Climate change 2014: impacts, adaptation, and vulnerability. Part A: global and sectoral aspects. Field C B, Barros V R, Dokken D J, et al. Contribution of Working Group II to the Fifth Assessment Report of the Intergovernmental Panel on Climate Change. Cambrige: Cambridge University Press.

Jackson R D, Reginato R J, Idso S B. 1977. Wheat canopy temperature: A practical tool for evaluating water requirements. Water Resources Research, 13 (3): 651-656.

Jiang L, Islam S. 1999. A methodology for estimation of surface evapotranspiration over large areas using remote sensing observations. Geophysical Research Letters, 26 (17): 2773-2776.

Jiao M, Zhou W, Zheng Z, et al. 2017. Patch size of trees affects its cooling effectiveness: A perspective from shading and transpiration processes. Agricultural & Forest Meteorology, 247: 293-299.

Kawai T, Kanda M. 2010. Urban Energy Balance Obtained from the Comprehensive Outdoor Scale Model Experiment. Part I: Basic Features of the Surface Energy Balance. Journal of Applied Meteorology & Climatology, 49 (7): 1341-1359.

Kim J H, Gu D, Sohn W, et al. 2016. Neighborhood landscape spatial patterns and land surface temperature: An empirical study on single-family residential areas in Austin, Texas. International Journal of Environmental Research & Public Health, 13 (9): 880.

Kokkonen T V, Grimmond C S B, Räty O, et al. 2017. Sensitivity of surface urban energy and water balance scheme (SUEWS) to downscaling of reanalysis forcing data. Urban Climate, 23 (SI): 36-52.

Kondo H, Genchi Y, Kikegawa Y, et al. 2005. Development of a multi-layer urban canopy model for the analysis of energy consumption in a big city: Structure of the urban canopy model and its basic performance. Boundary-Layer Meteorology, 116 (3): 395-421.

Litvak E, Pataki D E. 2016. Evapotranspiration of urban lawns in a semi-arid environment: An in situ, evaluation of microclimatic conditions and watering recommendations. Journal of Arid Environments, 134: 87-96.

Liu X, Li X X, Harshan S, et al. 2017. Evaluation of an urban canopy model in a tropical city: The role of tree evapotranspiration. Environmental Research Letters, 12 (9): 1-13.

Menenti M, Choudhury B J. 1993. Parameterization of land surface evaporation by means of location dependent potential evaporation and surface temperature range. Drug Development & Industrial Pharmacy, 40 (2): 145.

Merrett S. 1997. Introduction to the Economics of Water Resources: an International Perspective. London: UCL Press.

Miller J D, Kim H, Kjeldsen T R, et al. 2014. Assessing the impact of urbanization on storm runoff in a peri-urban catchment using historical change in impervious cover. Journal of Hydrology, 515: 59-70.

Mills G M. 1993. Simulation of the energy budget of an urban canyon—I. Model structure and sensitivity test. Atmospheric Environment. Part B. urban Atmosphere, 27 (2): 157-170.

Mills G M, Arnfield A J. 1993. Simulation of the energy budget of an urban canyon—II. Comparison of model results with measurements. Atmospheric Environment, 27 (2): 171-181.

Monteith J L. 1965. Evaporation and Environment Symposium of the Society for Experimental Biology 19. Cambridge: Cambridge University Press.

Moran M S, Clarke T R, Inoue Y, et al. 1994. Estimating crop water deficit using the relation between surface-air temperature and spectral vegetation index. Remote Sensing of Environment, 49 (3): 246-263.

Norman J M, Kustas W P, Humes K S. 1995. Source approach for estimating soil and vegetation energy fluxes in observations of directional radiometric surface temperature. Agricultural & Forest Meteorology, 77 (3): 263-293.

Oke T R. 1973. City size and the nocturnal urban heat island. Atmospheric Environment, (7): 769-779.

Oke T R. 1979. Advectively-assisted evapotranspiration from irrigated urban vegetation. Boundary-Layer Meteor, 17 (2): 167-173.

Oke T R. 2010. The energetic basis of the urban heat island. Quarterly Journal of the Royal Meteorological Society, 108（455）: 1-24.

Pereira A R, Green S, Nova N A V. 2006. Penman-Monteith reference evapotranspiration adapted to estimate irrigated tree transpiration. Agricultural Water Management, 83（1）: 153-161.

Peters E B, Hiller R V, Mcfadden J P. 2015. Seasonal contributions of vegetation types to suburban e-vapotranspiration. Journal of Geophysical Research Biogeosciences, 116（G1）: G01003.

Qian Y L, Fry J D, Wiest S C, et al. 1996. Estimating turfgrass evapotranspiration using atmometers and the Penman-Monteith model. Crop Science, 36（3）: 699-704.

Qiu G Y, Momii K, Yano T. 1996. Estimation of plant transpiration by imitation leaf temperature: Theoretical consideration and field verification（I）. Transactions of the Japanese Society of Irrigation Drainage & Rural Engineering,（183）: 401-410.

Rahman M A, Moser A, Rötzer T, et al. 2017. Microclimatic differences and their influence on tran-spirational cooling of Tilia cordata, in two contrasting street canyons in Munich, Germany. Agricultural & Forest Meteorology,（232）: 443-456.

Ramamurthy P, Bou-Zeid E. 2014. Contribution of impervious surfaces to urban evaporation. Water Resources Research, 50（4）: 2889-2902.

Riikonen A, Järvi L, Nikinmaa E. 2016. Environmental and crown related factors affecting street tree transpiration in Helsinki, Finland. Urban Ecosystems, 19（4）: 1-23.

Roerink G J, Su Z, Menenti M. 2000. S-SEBI: A simple remote sensing algorithm to estimate the surface energy balance. Physics & Chemistry of the Earth Part B Hydrology Oceans & Atmosphere, 25（2）: 147-157.

Sailor D J. 2011. A review of methods for estimating anthropogenic heat and moisture emissions in the urban environment. International Journal of Climatology, 31（2）: 189-199.

Schubert S, Grossman-Clarke S, Martilli A. 2012. A double-canyon radiation scheme for multi-layer urban canopy models. Boundary-Layer Meteorology, 145（3）: 439-468.

Shuttleworth W J, Wallace J S. 2010. Evaporation from sparse crops-an energy combination theory. Quarterly Journal of the Royal Meteorological Society, 111（469）: 839-855.

Silva S F D, Britto V, Azevedo C, et al. 2014. Rational Consumption of water in administrative public buildings: The experience of the Bahia Administrative Center, Brazil. Water, 6（9）: 2552-2574.

Spronken-Smith R A, Oke T R, Lowry W P. 2015. Advection and the surface energy balance across an irrigated urban park. International Journal of Climatology, 20（9）: 1033-1047.

Starke P, Göbel P, Coldewey W G. 2010. Urban evaporation rates for water-permeable pavements. Water Science & Technology A Journal of the International Association on Water Pollution Research, 62（5）: 1161.

Su Z. 2002. The Surface Energy Balance System (SEBS) for estimation of turbulent heat fluxes. Hydrology & Earth System Sciences, 6 (1): 85-99.

Sun H Y, Kopp K, Kjelgren R. 2012. Water-efficient urban landscapes: Integrating different water use categorizations and plant types. HortScience. American Society for Horticultural Science.

Teodosiu C, Hohota R, Rusaouën G, et al. 2003. Numerical prediction of indoor air humidity and its effect on indoor environment. Building & Environment, 38 (5): 655-664.

Teodosiu R. 2013. Integrated moisture (including condensation) -energy-airflow model within enclosures. Experimental validation. Building & Environment, 61 (3): 197-209.

Wang H, Wang X, Zhao P, et al. 2012. Transpiration rates of urban trees, Aesculus chinensis. Journal of Environmental Sciences, 24 (7): 1278-1287.

Wang Y, Akbari H. 2016. The effects of street tree planting on Urban Heat Island mitigation in Montreal. Sustainable Cities & Society, 27: 122-128.

Wang Z H, Bou-Zeid E, Smith J A. 2013. A coupled energy transport and hydrological model for urban canopies evaluated using a wireless sensor network. Quarterly Journal of the Royal Meteorological Society, 139 (675): 1643-1657.

Ward H C, Kotthaus S, Järvi L, et al. 2016. Surface urban energy and water balance scheme (SUEWS): Development and evaluation at two UK sites. Urban Climate, (18): 1-32.

Wolfle, Dael L. 1939. Cluster analysis, Psychological bulletin. 36 (9): 791-792.

Wong L T, Mui K W. 2007. Modeling water consumption and flow rates for flushing water systems in high-rise residential buildings in Hong Kong. Building & Environment, 42 (5): 2024-2034.

Wouters H, Demuzere M, Ridder K D, et al. 2015. The impact of impervious water-storage parametrization on urban climate modelling. Urban Climate, (11): 24-50.

Zhang T, Zhou H, Wang S. 2013. An adjustment to the standard temperature wall function for CFD modeling of indoor convective heat transfer. Building & Environment, 68 (10): 159-169.

Zhang Y, Li L, Chen L, et al. 2017. A modified multi-source parallel model for estimating urban surface evapotranspiration based on ASTER thermal infrared data. Remote Sensing, 9 (10): 1029.

Zhou J J, Liu J H, et al. 2018. Water dissipation mechanism of residential and office buildings in urban areas. Science China Technological Sciences, 61 (7): 1072-1080.

Zhou J J, Liu J H, et al. 2019. Dissipation of water in urban area, mechanism and modelling with the consideration of anthropogenic impacts: A case study in xiamen. Journal of Hydrology. 570: 356-365.